Calm life is not lonely

淡定的人生不寂寞

◎木 木 主编

華文出版社
SINO-CULTURE PRESS

【代　序】

“淡”是人生最深的滋味

“死生契阔，与子相悦。执子之手，与子偕老。”这是对爱情的淡定。

“我能想到最浪漫的事，就是和你一起慢慢变老。收藏起点点滴滴的心事，留到以后和你慢慢聊。”这是对婚姻的淡定。

“我是一只修行千年的狐，千年修行，千年孤独。夜深人静时，可有人听见我在哭；灯火阑珊处，可有人看见我跳舞？……我爱你时，你正一贫如洗寒窗苦读；离开你时，你正金榜题名洞房花烛。能不能为你再跳一支舞？我是你千百年前放生的白狐。……”这是失恋后的淡定。

“春有百花秋有月，夏有凉风冬有雪。若无闲事挂心头，便是人间好时节。”这是对世事的淡定。

“宠辱不惊，看庭前花开花落；去留无意，望空中云卷云舒。”“风来疏竹，风过而竹不留声；雁度寒潭，雁去而潭不存影。故君子事来而心始现，事去而心随空。”这是对生活的淡定。

“手把青秧插稻田，抬头便见水中天。心地清净方为道，退步原来是向前。”这是为人的淡定。

什么是淡定？淡定就是你的淡然，你的超脱，你的看破。

人生不如意事，十之八九；可与人言者，十之一二。昔日寒山问拾得：“世间有人谤我、欺我、辱我、笑我、轻我、贱我、骗我，如何处置乎？”拾得回答说：“忍他、让他、避他、由他、耐他、敬他、不要理他，再过几年你且看他。”如此的态度就是淡定。

一个人要挣脱这个纷杂喧嚣、物欲横流的社会，的确很难。但是，每个人都别无选择，如果你要幸福，你的心灵就必须拥有一份淡定。唯有淡定，才能让你的内心安静下来，才能细细品味生活的万千滋味。

如何做到淡定呢？先说一个故事吧。

有这么一个女人，她没有背景，没有美貌，也不机敏，也不可爱，却是一个大家族里最受欢迎的事实上的主人。

她是谁？她就是日本小说家紫式部《源氏物语》笔下的花散里，源氏六条院夏宫的主人。

其他三宫住着何等之大人物？

春之宫——紫姬，美貌无双，极其受宠。

秋之宫——秋好皇后，源氏养女，后台很强大。

冬之宫——明石姬，秀美聪慧，诞有子嗣。

与她们相比，花散里芳华不再、相貌平常，然而只有她一直陪源氏走到了最后。

为什么呢？

因为她大方包容，善解人意，理解力强，反应敏捷；性情柔顺，不妒忌，不求太多。她根本不在乎源氏有多少情人，在源氏需要的时候张开双臂给予无私的爱。

在搬进六条院不久，花散里就主动提出不与源氏同房。

源氏从未忘记花散里，一直给予关爱和信任。可以说，花散里是源氏身边众多女人中，最可信赖的人，所以源氏先后把两个孩子交给花散里抚养。

源氏常常到夏宫找花散里，两人分榻而卧，彻夜长谈。这是唯一一个能让源氏毫无顾忌畅所欲言的地方，是仅仅说说话就能让源氏安心放松的唯一人选。

小说的作者说："他（源氏）就觉得自己之情长，与花散里之稳重，如意称心，不胜喜慰"。

这确实是一个淡定的女人。

淡定不是平庸，它是一种生活态度，一种人生境界，是智慧的不争，是宠辱不惊，是对简单生活的一种追求。

淡定的女人是智慧的，是聪明的，是优雅的。

我们这个时代很需要"淡定"。我们每个人都需要这种心态，在生活中才会处之泰然，不会太过兴奋而忘乎所以，也不会太过悲伤而痛不欲生。

大才子苏东坡原来是一个翰林大学士，但因为政治原因，朋友都避得远远的。当他历经人生万般劫难后，终于领悟到生活的真正味觉是"淡"。他说："莫听穿林打叶声，何妨吟啸且徐行。竹杖芒鞋轻胜马，谁怕？一蓑烟雨任平生。"所有的味觉都品过了，你才知道淡的精彩，你才知道一碗白稀饭、一块豆腐好像没有味道，可是这个味觉是生命中最深的味觉。

生活中，我们总有太多的抱怨，太多的不平衡，太多的不满足，犹如一个被宠坏的孩子，总是向生活不断索取着。越是拥有，越是担心失去。生活中的很多东西一旦失去，便不容我们找寻。

有时幸福就像手心里的沙，握得越紧，失去得越快。有时幸福就像彼岸的花朵，隐约可见，却无法触摸。没有什么是真正的对与错，更没有太多的仇与恨，何不看淡这一切？或许付出真心的人不一定能换来真心，但是你无需后悔，能够拥有一颗平静的心，未尝不是好事。或许明天还是未知，但这又何妨呢，相信明天不会是最坏的，相信上天对每一个人都很公平。

有一个小幽默非常有意思："黄忠六十跟刘备，德川家康七十打天下，姜子牙八十为丞相，佘太君百岁挂帅，孙悟空五百岁西天取经，白素贞一千多岁下山谈恋爱。年轻人，你说你急什么？"

朋友们，请放慢你的脚步吧。在这个纷杂的、物欲的、热闹的世界中，何处才是你的精神家园？

人，应该诗意地栖居。你不过是为了自己丰富而高贵的精神世界活着。也许你做不到，但是，你却可以守住你的淡定。

有些欲望你可以抑制，有些争执你可以让步，有些人你可以疏远，有些东西你可以不要，有些批评和表扬你可以不屑……

不信你试试看，你并不会失去什么。

编　者

2010年10月

目录

【辑一】有一种感情云淡风轻

宠辱不惊，看庭前花开花落；去留无意，望空中云卷云舒。平淡对待得失，冷眼看尽繁华；畅达时不张狂，挫折时不消沉。

这样的淡，淡在荣辱之外，淡在名利之外，淡在诱惑之外，却淡在骨子里。这样的淡，能够让我们在物欲横流的滚滚红尘中，击破纷扰，洞察世事，谢绝繁华，回归简朴，达到“落花无言，人淡如菊”的境界。

【辑二】爱，要经得起平淡的流年

人生是5%的刺激、5%的痛，再加上90%的平淡。我们为了5%的刺激而忍受5%的痛，然后用90%的平淡来度过。

一切最简单的，都是返璞归真的。多少年以后，如果我有一份爱情，如果让我去经营一份爱，我会让爱经得起流年的平淡。因为我相信，爱的最高境界是要经得起平淡的流年。

【辑三】如果爱，请深爱

最经典、最浪漫、最深情不渝的情话永远来自淡定的生活，来自不悔的真心。只要你愿意相信爱情，幸福就会永驻心中。全心全意去爱一个人，就拥有了全世界最大的幸福。

死生契阔，与子相悦。执子之手，与子偕老。“爱是恒久忍耐，又有恩慈；……凡事包容，凡事相信，凡事盼望，凡事忍耐；爱是永不止息。”

【辑四】得不到的未必是好的

张爱玲在小说里说："每个男人心中都有两朵玫瑰，一朵红玫瑰，一朵白玫瑰"。也许每一个男子全都有过这样的两个女人，至少两个。娶了红玫瑰，久而久之，红的变了墙上的一抹蚊子血，白的还是"床前明月光"；娶了白玫瑰，白的便是衣服上的一粒饭粘子，红的却是心口上的一颗朱砂痣。怀着诗意去看待没有得到的，带着憎恶看着得到了的。

但生活会告诉你，喜欢一样东西时，得到它也许并不是最明智的选择，而错过它却可能会让你有意想不到的收获。

【辑五】幸福就是活在当下

幸福，不是金山银山，不是大鱼大肉，不是前呼后拥。幸福是每一个微小的生活愿望达成。当你想吃的时候有得吃，想被爱的时候有人来爱你。

幸福其实就在你的身边，你的家人身体健康，你的孩子成绩优良，你们今天衣食无忧，晚上能够平安回到家中，这就是幸福。幸福就是活在当下，用冲淡平和的心态看待周围的一切。

【辑六】有爱，便不会寂寞

古龙曾说："真正的寂寞是一种深入骨髓的空虚，一种令你发狂的空虚。纵然在欢呼声中，你也会感到内心的空虚、惆怅与沮丧。"从古到今，又有几人能真正理解寂寞的含义。

一花一世界，一叶一菩提。冷眼向洋看世界，热风吹雨洒江天。只有那些心中有大爱的人，才能真正享受到寂寞的滋味，也只有耐得住寂寞，才能成就一番事业，才能欣赏到人间的种种美好。

【辑七】心灵的宁静之道

心灵的宁静之道，一是要不受物役，不抱怨社会分配给你的东西不公平；二是要不为名累，想一想不仅身体，身后的名声也是过眼烟云；第三是也不为别人的恶所左右，不用他人的错误来惩罚自己。

从容淡定，意味着时刻能保持好心情；谦虚谨慎，戒骄戒躁，意味着自己还有更广阔的境界，更宏大的作为，而在事业之余，对美好的事物有更好的鉴赏力。

【辑一】
有一种感情云淡风轻

宠辱不惊，看庭前花开花落；去留无意，望空中云卷云舒。平淡对待得失，冷眼看尽繁华；畅达时不张狂，挫折时不消沉。

这样的淡，淡在荣辱之外，淡在名利之外，淡在诱惑之外，却淡在骨子里。这样的淡，能够让我们在物欲横流的滚滚红尘中，击破纷扰，洞察世事，谢绝繁华，回归简朴，达到“落花无言，人淡如菊”的境界。

人淡如菊

人的一生注定要经历许多阶段，比如说纯真无邪的少年时代，激情如火的青春岁月，厚重沉稳的中年时期，从容淡定的人生暮年。每个阶段都有独特的风景，每段岁月都会给人不同的感受。可进入中年的她，突然间感觉自己一下从躁动中宁静下来了，不经意间就有了种坐看云卷云舒、心境如水的超然。

在无意中，她感到一切都慢慢地淡下来了，常常会挂着淡淡的微笑，给人一种和谐温馨之感；常常看淡名利和物质，却看重人与人之间的感情，不会冲动行事，也不会轻易后悔，她会为自己的决定负责。可当她一旦爱上一个人，一定会坚守自己的那份爱，爱情的保质期是“永远”。

她还会在秋阳明丽的早晨或午后为自己沏一壶香茗，手捧一本书细细品味，慢慢欣赏。她懂得什么是知性美，她更愿意在闲暇的时候去学习书法、音乐、美术，或者去充电接受最新的科技知识，来提高自己的修养和品位。她不会把时间浪费在世俗的纷争和无聊的麻将中，更不会和别人去攀比高档名牌的服饰和虚荣的炫耀。她知道真正的美丽一定是由内而外散发出来的。

她也有曾经陷入爱恋中不能自拔的时候。那时，在热恋中痛苦，因为怕失去，所以猜忌怀疑，无事生非，互相折磨；在失恋中更痛苦，因为无所依傍，所以孤独寂寞，痛不欲生，自我戕害。可是到了人生的这个时期，不管是热恋也好，失恋也罢，都能平静地对待，诗意地化解。不是说心如止水，情如枯井，而是能理智地看待，睿智地经营，这样使情爱更彰显出深沉含蓄之美，情深意切之境。让相爱的双方没有压力，更能享受爱本身给人带来的快乐。

冷眼看尽繁华，畅达时不张狂，挫折时不消沉。在人生的历练中涵养淡定从容的定力，在潮起潮落的人生戏台上，举重若轻，击节而歌。“采菊东篱下，悠然见南山”，以一份洒脱娴静的心态来面对喧嚣的红尘。落花无语，留香阵阵，以淡定从容的态度面对人生，这种境界也许难以企及，但是我们应该走在追求这种境界的路上。

经过了世事的纷乱和潮起潮落的人生，生活把岁月刻在人的脸上，也刻在了人的心里。滚滚的红尘已经将细腻柔软的心磨砺得浑圆。这种浑圆不再有绚丽的光泽。这种浑圆就是一种淡然、朴实，它不张扬、不喧嚣、不妖艳，不再作年少时的无病呻吟，不再有不切实际的幻想，不再会手高眼低去投机。

这种淡是一种脚踏实地的平实，它丰富而不肤浅、它恬淡而不聒噪、它理性而不盲从。

"人淡如菊"是一种平和执著、拒绝霸气的心境。人淡如菊，要的是菊的淡定和执著。它有的是"宁可抱香枝上老，不随黄叶舞秋风"的坚贞和执著，少的是"待到秋来九月八，我花开后百花杀"的霸气。这样的淡，淡在荣辱之外，淡在名利之外，淡在诱惑之外，却淡在骨子里。这样的淡，能够让我们在物欲横流的滚滚红尘中，击破纷扰，洞察世事，谢绝繁华，回归简朴，达到"落花无言，心素如简"的境界。

人生感悟

淡定与从容是一种态度。它不是处世消极，刻意放纵，而是阅尽沧桑的醒悟、了然于胸的坦然；它也不是自我封闭、孤芳自赏，而是不以物喜、不以己悲，超脱地面对外界环境的纷繁和喧嚣。正所谓"千磨万击还坚韧，任尔东西南北风"。

那遥远的守望

那年，她才 20 岁，像春天枝头上新绽的桃花，鲜嫩而饱满。她自小学戏，在剧团里唱花旦，嗓音清亮，扮相俊美，把《西厢记》里的小红娘演得惟妙惟肖。他 32 岁，和她同在一个剧团，是头牌，演武生，一根银枪，抖得虎虎生风。

台上，他们是霸王和虞姬；台下，她叫他老师，他教她手眼身法步，唱念做打功，一板一眼，绝不含糊。她悄悄拿了他的戏装练功服，在乍暖还寒的春风里搓得满头大汗。旗帜一样飘扬着，她年轻的心，也轻舞飞扬。

知道他是有家有室的人，她还是爱了。就像台上越敲越紧的锣鼓，她的心在鼓点中辗转，起落，徘徊，挣扎，终究是失陷的城池，一寸一寸地陷落下去。台上，当她的霸王在四面楚歌中自刎于江边时，她一手拉着头上的野鸡翎，一手提着宝剑，凄婉地唱："君王从此逝，虞歌何聊生……"双目落泪，提剑自刎……

她想，爱一个人就是这样的吧，他生，她亦欢亦歌；他死，她绝不独生。

这份缠绵的心思，他不是不懂，可是他不能接受，因为他有家有妻子。面对她如花的青春，他无法许给她一个未来。他躲她，避她，冷落她，不再和她同台演出。她为他精心织就的毛衣，也被他婉言拒绝，却还是有风言风语渐起。在那个不大的县城，暧昧的新闻比瘟疫流传得还快。她的父亲是个古板的老头，当即就把她从剧团拉回来，关进小屋，房门紧锁。

黄铜重锁，却难锁一颗痴情的心。那夜，她跳窗翻墙逃到他的宿舍，热切地扑进他的胸膛，对他说，我们私奔。

私奔也要两情相悦，可他们不是。他冷冷地推开她，拂袖而去，只留下两个字：胡闹。

那一夜，以及那之后的很多夜，她都辗转不眠。半个月后，她重回剧团，才知道事业正如日中天的他已经辞职，携妻带子，迁移南下。

此后便是杳无音讯，她的心成了一座空城。她知道，这份爱，从头到尾，其实都是她一个人的独角戏，可是她入戏太深，醒不过来了。

15年过去了，人到中年的她，已是有名的艺术家。有一个幸福和睦的家，夫贤子乖。她塑造了很多经典的舞台形象，却再也没有演过虞姬。因为她的霸王，已经不在了。

那一年元宵节，她跟随剧团巡回演出。在一个小镇上，她连演五场，掌声雷动。舞台，掌声，鲜花，欢呼，都是她熟悉的场景。可分明又有什么不一样，似乎有一双眼睛，长久炙热地追随她如燎原的火焰。待她去找时，又没入人群不见了。谢幕后，在后台卸妆的她，忽然收到一纸短笺，上面潦草地写着一行大字：15年注视的目光，从未停息。

她猛然就怔住了，15年的情愫在心中翻江倒海——是的，是他。她追出来，空荡荡的观众席上寂静无人，她倚着台柱，潸然泪下。

15年来盘桓在心中的对他的积怨，在刹那间冰消雪融。

是的，他一直都是爱她的。只是他清楚，那时的她是春天里风华正茂的树，这爱是她挺拔的树身上一枝斜出的杈，若不狠心砍下，只会毁了她。所以，他必须离开。如今，她是伸入云霄的钻天杨，而她成长的每一个枝丫间，都有他深情注视的眼睛。

那遥远的守望，才是生命中最美的注视。

人生感悟

用宁静稀释忧伤和苦闷，用淡定驱散困惑和忧虑，遥望远方，即使那里永远都被叫做远方，你的内心世界，也都要永存一种东西，那就是——爱！

淡淡的温柔

餐桌两边，坐了一男一女。

“我喜欢你。”女人一边摆弄着手里的酒杯，一边淡淡地说着。

“我有老婆。”男人摸着自己手上的戒指。

“我不在乎，我只想知道，你的感觉。你，喜欢我吗？”

意料中的答案。男人抬起头，打量着对面的女人。

男人 28 岁，年轻有为，有朝气，相当不错的年纪。

对面的女人白皙的皮肤，充满活力的身体，有一双明亮的、会说话的眼睛。

真是不错的女人啊，可惜。

“如果你也喜欢我，我不介意做你的情人。”女人终于等不下去，追加了一句。

“我爱我妻子。”男人坚定地回答。

“你爱她？爱她什么？现在的她，应该已经年老色衰、见不得人了吧。否则，公司的晚宴，怎么从来不见你带她来……”

女人还想继续，可接触到男人冷冷的目光后，打消了念头。

“你喜欢我什么？”男人开口了。

“成熟，稳重，动作举止很有男人味，懂得关心人，很多很多，多得像天上的星星数不清。反正，和我之前见过的人不同。你很特别。”

“你知道三年前的我，什么样子？”男人点了支烟。

“不知道。我不在乎，即使你坐过牢。”

“三年前，我就是你现在眼里的那些普通男人。”男人没理会女人，继续说。“普通大学毕业，工作不顺心，整天喝酒，发脾气。对女孩子爱理不理，靠酒精来发泄自己的欲求、不满。还因为去夜总会找小姐，被警察抓过。”

“那怎么？”女人有了兴趣，想知道是什么让男人转变的。“因为她？”

“嗯。”

“她那个人，好像总能很容易就能看到事情的内在。教我很多东西，让我别太计较得失；别太在乎眼前的事；让我尽量待人和善。那时的我在她面前，就像少不更事的孩子。

“也许那感觉，就和现在你对我的感觉差不多。那时真的很奇怪，倔脾气的我，只是听她的话。按照她说的，接受现实，知道自己没用，就努力工作。那年年底，工作上，稍微有了起色，我们结婚了。”

男人弹了弹烟灰，继续说着。

“那时，真是苦日子。两个人，一张床，家里的家具，也少得可怜。知道吗？结婚一年，我才给她买了第一颗钻戒，存了大半年的钱呢。当然，是背着她存的。若她知道了，是肯定不让的。”

“那阵子，烟酒弄得身体不好。大冬天的，她每天晚上睡前还要给我熬汤喝。那味道，也只有她做得出。”

男人沉醉于回忆里，忘记了时间，只是不停地讲述着往事。

而女人，也丝毫没有打扰的意思，就静静地听着。

等男人注意到时间，已经晚上 10 点了。

“啊，对不起，没注意时间，已经这么晚了。”男人歉意地笑了笑。

“现在，你可以理解吗？我不可能，也不会，做对不起她的事。”

“啊，知道了。输给这样子的人，心服口服！”女人无奈地摇了摇头。

“不过我到了她的年纪，会更棒的。”

“嗯。那就可以找到更好的男人。不是吗？很晚了，家里的汤要冷了，我送你回去。”男人站起身，想送女人。

“不了，我自己回去可以了。”女人摆了摆手。“回去吧，别让她等急了。”

男人会心地笑了笑，转身要走。

“她漂亮吗？”

“……嗯，很美，像天使。”

男人的身影消失在夜色中，留下女人，对着蜡烛发呆。

男人回到家，推开门，径直走到卧室，打开了台灯。

沿着床边，坐了下来。

“老婆，已经第五个了。干吗让我变成这么好，好多人喜欢我呀。搞不好，我会变心呀。干吗把我变成这么好，自己却先走了？我，我一个人，好孤单呀。”

男人哽咽地说着，终于泣不成声。

眼泪，一滴滴地从男人的脸颊流下，打在手心里的相框上。昏暗的灯光中，旧照片里，弥漫着的，是已逝女子的、淡淡的温柔。

人生感悟

在当下物欲横流且充满诱惑的社会里，最大的幸福莫过于守住一颗淡定而宁静的心，丢下一切包袱，超越自己，打开心窗，听一首悠扬的乐曲，沏一壶茶凝望无尽的夜空，品读月色的凝重，细数星星的话语，感触万家灯火的甜蜜。因为总有一些爱让我们感动。

婚姻的基石

她发现他有了外遇，并且这个外遇在三年前就发生了。如果不是她偶然发现了这封信，她还会一直被蒙在鼓里。

发现信的那一瞬，她的心都碎了。她想，这下完了。

就在她在心中演绎着可怕的结局时，他下班回来了。他还和原来一样，非常亲热地和她打招呼，问她过的是否愉快，并且还吻了她。然而，她觉得他的问候不再真实，他的亲吻是在演戏。

他看出了她的不高兴，不过他没有追问。她为了不把事情一下子弄僵，也没把那封信的事当即挑明。

第二天，他上班走了。她趴在床上大哭了一场。为什么会这样呢？我该怎么办呢？最后，她决定问一问朋友，可是在脑子里寻遍所有的知心者，觉得没有一个是合适的，难以启齿。何况家丑不可外扬呀，还是问问母亲吧！于是她拨通了母亲的电话。

母亲的回答让她非常愕然：在你发现那封信之前，你感觉到他对你的爱变了吗？你没有感觉到。既然没有感觉到，就说明他对你的爱一如既往。既然一如既往，你在意那封信干什么？把它放回去。

信被原封不动地放了回去。

一天过去了，两天过去了。十年过去了，二十年也过去了，什么事都没有发生。她还是一位贤妻良母，他还是一位关爱她、呵护她的好丈夫。

三十年后，她作为母亲，把这个故事告诉她的女儿。

人生感悟

如果爱情是婚姻的基石，那么以爱情为基础的婚姻就不会成为一座危房，其实婚姻一点都没有变化，那点瑕疵，只是为你的婚姻添了点颜色。

“痴情先生”为你早起 89 年

时至今日，英国的福尼亚小镇上仍然保留着这样一个良好的传统：每年 6 月 15 日那天的凌晨 4 点整，小镇上所有的家庭都会响起一阵长长的闹铃声。

凌晨 4 点？这个时间起床也太早了一点吧？难道这个小镇上的人都这么刻苦勤奋吗？

说起这件事，还要说到一个人，他就是马歇尔。

马歇尔先生是个每天都起得很早的人。只要附近教堂里的钟声刚刚敲响了 4 下，他就立刻从床上爬起来，习惯性地在火炉上炖一碗鸡汤，之后走出家门，到教堂附近的小路上去散步。

不过，马歇尔曾经可不是这样一个喜欢早起的人，那时候的他嗜睡如命，即便到了早上 9 点还赖在床上不愿起来。他把被子裹得紧紧的，就算有人叫他起床他也懒得答应一声，而马歇尔这一切的改变是由于自己的妻子。

马歇尔先生年轻的时候曾来中国留学。在中国，他有幸结识了自己美丽的妻子。两人感情非常好，后来，妻子放弃了自己的事业，跟着马歇尔来到了英国，并从此取了个英文名字琳达。婚后的生活相当甜蜜，一年后，琳达又为马歇尔生下一个大胖小子，一家人的生活幸福而甜蜜。

可是，这样的幸福时光并没有一直持续下去。五年后，琳达在一场意外车祸中被撞成了高位截瘫。马歇尔先生自然是悲痛欲绝，变卖了一切家产来维持琳达的生命，并且还要拉扯着一个年幼的孩子，生活过得非常艰苦。

但如此艰苦的环境从未改变马歇尔先生对琳达的爱，由于大小便失禁，琳达总是会在凌晨 4 点左右把床单弄得一片狼藉，为此马歇尔每天都要换一两次床单。通过长期的观察，马歇尔发现，这个时间非常准时。为了让琳达不那么遭罪，马歇尔先生总会在每天教堂钟声敲响 4 下的时候，飞快地爬起来，准备为琳达换好垫布，然后帮琳达擦洗身子，之后再到厨房，为琳达炖一份她最爱喝的鸡汤，之后，一小勺一小勺地喂琳达喝下去。

等他们都吃好早餐以后，时间差不多快 6 点了，这时候，马歇尔把琳达抱到轮椅上，推着她到教堂附近的小路上去散步。久而久之，这种习惯被马歇尔演化成了一种固定的规律，天天如此，雷打不动。慢慢地，马歇尔和琳达成了教堂附近一道流动的风景，路上的行人都友善地跟他们打招呼。

在琳达高位截瘫之后，有一位朋友曾经为马歇尔介绍过一个对象，这个女人是位中学教员，非常贤淑，也非常善解人意，表示愿意和马歇尔一起照顾好琳达。即便这样，马歇尔还是一口回绝了。

时光过得飞快，一转眼整整 40 年过去了。在这一年里，一个午后琳达在轮椅上面悄然离去。这时候，儿子早已成家搬了出去，70 多平方米的房子，只剩下了马歇尔一个人。

尽管琳达已经不在了，但是，马歇尔每天 4 点钟起床、煲汤的习惯却一直保留了下来。只不过每天 6 点，马歇尔不再去教堂，而是到附近山腰的墓地上陪琳达说上半个小时的话，顺便帮琳达换上一束最鲜美的雏菊，那也是琳达生前最爱的。

又过了几年，马歇尔家附近的教堂拆迁了，多数人以为马歇尔听不到教堂的钟声就不会再起得那么早了。其实，他们哪里知道，此时的马歇尔早已在自己的心灵深处安置了一只闹钟，每天凌晨 4 点，准时响起。

后来，马歇尔的爱情故事被一家英国媒体报道了出来，很多年轻的情侣都涌往福尼亚这座小镇，每天凌晨 4 点整，准时守候在马歇尔的家门前，只为一睹马歇尔这位“痴情先生”的庐山真面目。

多年以后，马歇尔先生开始步履蹒跚了，这时候，不知道谁发起了这样一项活动，他们认为：只要能搀扶马歇尔先生走上一程，就能一生爱情美满、家庭幸福。之后，整个小镇发起了这样一个活动，那就是在每年 6 月 15 日那天的凌晨 4 点整，小镇上所有的家庭都会响起一阵长长的闹铃声。因为，6 月 15 日是马歇尔的生日，在那天，所有小镇上的夫妻，约定互相为彼此做一件有意义的事情。

马歇尔先生享年 109 岁，他去世之前，让儿子在自己的墓志铭里写下这样一句话：“亲爱的琳达，如果有可能的话，我一定愿意再为你早起 89 年！因为，没有人可以替代你在我生命中的位置……”

人生感悟

那些健康而幸福地生活的丈夫，好好地爱惜你的妻子，多留一点时间给妻子，不要忽视她为你做的一切。有许多东西，不要到失去了才懂得她的美好。

好好去爱，爱着自己，爱着爱人，爱着我们的生命般重要的爱情……

情人之间最美的距离

就在快要步入中年的时候，她偶然翻阅自己的心灵史，回忆起生命中所结识过的异性朋友，突然，明白了一个简朴的道理：情人之间最美好的一种距离，其实就是隔着一张餐桌的距离。这是她从自己与一位异性朋友的交往经历中总结出来的。

今年是两个人相识26周年。在人生的长河中，26年也算得上漫长了，就在这26年当中，她与他有过同窗共读的郁郁葱葱的岁月，也有过鸿雁往来的纯真时代，更有过一起喝咖啡、吃烛光晚餐的浪漫时光。仅有大约6年时间是彼此的空白，而就在那空白的6年里，他与她各自恋爱，各自成家。其间也曾有过几次偶遇，或在熙熙攘攘的书店门口，或在人来人往的地铁站旁，但两人只是礼节性地点点头，任凭脸上平静的微笑掩藏内心翻滚的波涛。

那时候，他们都还茫然于找不到一种对两人来说最好的相处方式。直到那年的阳春三月，在一次同学聚会中，他与她再度相遇。至此，她已然明白，生命中有些人注定用一辈子的时间也难以忘记。人脑无法像电脑那样按一下“删除”键就霎时一片空白，刻意地遗忘反而会加深记忆的印记。既然彼此都还视对方为生命中不能错失的人，那么随遇而安，缘散缘聚，便是最佳的选择。

就这样，在爱情悄然转身之后的若干年，两个人襟怀坦荡地重摆友情的筵席。男女之间的这种交往很玄妙，从友情跨越到爱情往往只是一层窗户纸，从爱情回归友情却仿佛远隔万水千山，而他与她能够心照不宣地将万水千山的距离浓缩为咫尺，凭的就是对缘分的尊重与对友情的信仰。

其实他与她的真正缘分源于学生时代的一场游戏。就在那年冬天的一个夜晚，女同学集中在宿舍的被窝玩“拈名游戏”：临窗的书桌上散落着几十张纸折的千纸鹤，每个千纸鹤上都写有本班一名男生的名字，而她在笑声中随意拈起的就是他的名字，但那时他的名字对她来说仅仅是一个普普通通的人名。不谙世事的她，根本没有察觉到这可能就是冥冥中注定的选择。直到若干年后他的名字在她的心海里掀起过惊涛骇浪，她才开始对少女时代所玩的那个“拈名游戏”怀有一种宿命的信仰。

回忆起那段携爱同行的日子，他几乎每个礼拜都请她喝一次咖啡。那段时间，她内心多么渴望能成为他心目中最重要的女子啊，可他总是不懂得用甜言蜜语来讨得她的欢心，在她跟前反复强调母亲是他生命中最重要的人，却不知道这句话会粉碎一个逞强好胜的女子的自尊，将她推向痛苦与绝望的深渊。多年以后，时过境迁，她才理解他当时的苦衷，一个从小失去父爱的男孩视母亲如生命也合情合理。其实世间大多数男人都认为母亲是不可替代的，她就以这样的理由谅解了他，从此不再探究自己在他心中所占据的位置。

去年夏天，她在一次同学聚餐中得知他母亲因病住院，便悄悄地去医院探望。这是她第一次见他的母亲。面对那位慈祥而和蔼的老妇，她上前自我介绍道："我是你儿子的老同学兼好朋友。"他的母亲很快便醒悟过来："哦，我知道了，你就是……我儿子以前经常提起你呢！"她坐在病床前，微笑着听他的母亲讲述他童年的趣事。她忽然忆及自己当年曾经暗暗为屈居他母亲之后而吃醋的往事，顿时愧疚得无地自容。那一刻，她是多么敬重眼前的老妇人。正是这位母亲含辛茹苦地养育了一个品德优秀的儿子啊！同时她也感激上苍让她在纤尘不染的豆蔻年华结识她的儿子并且与他终生为友。

这些年来，他和她见面的地点总是选在餐厅。城里城外的许多家餐厅都见证了他们的餐桌时光。有时候吃一顿饭就花费几个小时，或谈工作的甜酸苦辣，或谈生活的悲欢离合，总是没有冷场的时候。其实他和她的口味并不太相同。在他们经常光顾的那间西餐厅，他最喜欢吃七成熟的牛扒，而她最喜欢吃竹筒饭。咖啡是两人共同喜欢而且百喝不厌的。他常常在晚饭后点一壶咖啡，她一边搅动着咖啡一边想，也许眼前的咖啡不一定是世间最美味的咖啡，但眼前的朋友绝对是最合适的"咖啡伴侣"。

在某个咖啡飘香的甜美时刻，她忽然醒悟：情人之间最美的距离，不是耳鬓厮磨的零距离接触，也不是灵与肉紧密结合的负距离，而恰恰是一张餐桌的距离。她喜欢和他之间隔着一张餐桌的距离，这是一种可以嘘寒问暖又能避免意乱情迷的距离，这是一种可以交流心事又能避免缠绵之举的距离，这样的距离亲密而有间。

当然，也正是这种恰当的"餐桌距离"，使他与她能够平稳地度过激情岁月，顺利踏入理智之年。外人目睹他们在吃饭时有说有笑的样子，可能会误以为他们关系暧昧，其实他们心里很明白，一张餐桌，就是彼此之间的楚河汉界，情感与理智泾渭分明。他与她之间，因为未曾被激情燃烧过也就没有被时间的灰烬掩埋，也因为交往的意犹未尽而在彼此生命中留下经久不散的余韵。

在我们的青年时代曾将"生不同衾死不同穴"视为两情相悦的千古憾事，中年以后才明白，两个人能够常常同桌进餐，也是一种可遇不可求的缘分。

人生感悟

泰戈尔在诗中说："世界上最遥远的距离，不是明明无法抵挡这股想念，却还得故意装作丝毫没有把你放在心里而是用自己冷漠的心，对爱你的人掘了一条无法跨越的沟渠。"这句话虽然有点绕，但却感动了无数男女。可是，也正是因为有距离的存在，才使美得以永留。

当我们午夜梦回、对月伤怀时，记忆会流连在过去的种种美好。这时，才能真切地感受到："与其相濡以沫，不如相忘于江湖。"这何尝不是一种美呢？

错过的爱情

不管多大多老，不管家人朋友怎么催，都不要随便对待婚姻，婚姻不是打牌，重新洗牌要付出巨大代价。我们总是这样自以为是地觉得。可是，生活却最终教会我们，就在我们等待、犹疑中，岁月被蹉跎，花期被错过，种种美好却在无声无息中溜走了。下面这个故事让人欷歔。

他和她曾经是高中同学，多年以后在陌生的城市相遇，理所当然地住在同一屋檐下，彼此有个照应。

每晚临睡前，她穿着睡衣，柔顺的秀发披肩，立在他的房门口轻声问，明天你想吃什么。而他，总在她的电脑死机或灯泡短路时，很有豪气地拍拍她的肩膀："放心，一切有我。"她曾开玩笑地告诉他："我在替你将来的枕边人照顾你的起居，等她出现时，接管你的生活。"

有她精心调理他的生活，他着装越来越有档次，洁净的外表和成熟幽默的谈吐吸引了越来越多的MM。他与一群青春焕发的MM坐在客厅谈笑风生，她退到一边，她明白他们的明天已渐渐偏离。27岁的女人再经不起等待，而27岁的他却风华正茂，逐爱正烈。

她默默地搬离，只留下一串QQ号码。她在心里告诉自己："如果半年内，他意识到我的重要，我就跟他回家。"隔着显示屏，他只有客套的寒暄，简直冷漠至极。有几次，她想抛开矜持说些感性的话题，他却断然打住话头，直言不讳地说："没事你先忙吧，我在泡 MM。"她知道，无论生活中抑或网络里，她只是他再普通不过的老同学。

她 QQ 的好友栏里只有一个头像，每天她像个守望者，守望着它的明灭，像她的爱情世界，除了半年的等待，一切皆空白，而他浑然不知。

28 岁那年，她嫁给了一个愿意照顾她的男人，他在 QQ 里恭喜她："爱情甜蜜，婚姻和美。"她掩面而泣，泪水顺着指缝滴落到键盘上，他却看不见，生命中唯一一朵情花未展露芳华，便已凋零。

婚后的生活平淡而从容，原来全心全意为一个人洗手做羹汤，并不需要爱情。只是在每个深夜，她静默地上线，怔怔地望着好友栏上咖啡色头像，听他描述现在的爱情和生活。她把身体和一切给了老公，只把心遗留在他身上，充其量，也只是他生命中的一个匆匆过客。

30 岁生日那天，他在 QQ 里留言："到现在才知道自己需要什么，我很想念你做的红烧猪肉炖粉条和小鸡炖蘑菇。"她的心狂跳不已，慌乱中匆匆下线。第二天，她下厨做了这两道菜，老公吃着热气腾腾的饭菜，惊喜地问，想不到你做东北菜这么拿手，可惜我今天才尝到！她伸手抚弄老公额前的抬头纹，蓦然间，自觉亏欠太多。他给她丰衣足食的生活，甚至宽容她对另一个男人孜孜不倦的爱情，而她竟连几道菜都吝于付出。

自此，她专注于婚姻经营，只有一个好友的 QQ，不再登录。两年后收到他的伊妹儿，新婚燕尔的他说："那时候我太小也太傻。"信末他说："如果你想结婚的时候，我刚好在，多好。"

铅华洗尽，他们终于明白，情花曾开，只是错过了彼此的花期。

人有悲欢离合，月有阴晴圆缺。春华秋实、夏雨冬雪、斗转星移、四季交替、潮落潮涨。往日不会再现，逝者如斯夫。请珍惜最初的感动。

下面这个故事则让我们更感慨：

男孩和女孩初恋的时候，男孩为女孩折了一千只纸鹤，挂在女孩的房间里。男孩对女孩说："这一千只纸鹤，代表我一千份心意。"

那时候，男孩和女孩分分秒秒都在感受着恋爱的甜蜜和幸福。

后来女孩渐渐疏远了男孩。女孩结婚了，去了法国，去了无数次出现在她梦中的巴黎。女孩和男孩分手的时候，对男孩说："我们都必须正视现实，婚姻对女人来说是第二次投胎，我必须抓牢一切机会，你太穷，我难以想象我们结合在一起的日子……”男孩在女孩去了法国后，卖过报纸，干过临时工，做过小买卖，每一项工作他都努力去做。许多年过去了，在朋友们的帮助和他自己的努力下，他终于有了一家自己的公司。他有钱了，可是他心里还是念念不忘女孩。

有一天下着雨，男孩从他的黑色奥迪车里看到一对老人在前面慢慢地走。男孩认出那是女孩的父母，于是男孩决定跟着他们。他要让他们看看自己不但拥有了小车，还拥有了别墅和公司，让他们知道他不是穷光蛋，他是年轻的老板。男孩一路开慢车跟着他们。雨不停地下着，尽管这对老人打着伞，但还是被斜雨淋湿了。到了目的地，男孩惊呆了，这是一处公墓。他看到了女孩，墓碑的瓷像中女孩正对着他甜甜地笑。而小小的墓旁，细细的铁丝上挂着一串串的纸鹤，在细雨中显得如此生动。

女孩的父母告诉男孩，女孩没有去巴黎，女孩患的是癌症，女孩去了天堂。女孩希望男孩能出人头地，能有一个温暖的家，所以女孩才做出这样的举动。她说她了解男孩，认为他一定会成功的。女孩说如果有一天男孩到墓地看她，请无论如何带上几只纸鹤。男孩跪下去，跪在女孩的墓前，泪流满面。清明节的雨不知道停，把男孩淋了个透。男孩想起了许多年前女孩纯真的笑脸，男孩的心就开始一滴滴往下淌血。

这对老人走出墓地的时候，看到男孩站在不远处，奥迪的车门已经为老人打开。汽车音响里传出了哀怨的歌声，“我的心，不后悔，反反复复都是为了你，千纸鹤，千份情，在风里飞……”

世界上有些花常开常落，正如后院里那朵淡淡的小黄花，每到春天它便会向人们展示它的美丽。而爱情的花却只有一次花季，不经意它就会开放，不经意它就会错过。等到错过了花期再去追忆，只会徒留凄凉。

人生感悟

村上春树有句名言：“对相爱的人来说，对方的心才是最好的房子。”钱钟书先生对杨绛女士也有这样一段评价，后来被社会学家视为理想婚姻的典范：1，在遇到她以前，我从未想过结婚的事；2，和她在一起这么多年，从未后悔过娶她做妻子；3，也从未想过娶别的女人。

青春的橄榄

世界的变迁，你可以看得到；岁月的匆匆，你可以感受得到；生活的乐趣，你可以去享受。还有什么比这美好？普希金的爱情，还是海明威的孤寂，抑或是陆幼青的《死亡日记》。没有，真的，我敞开我的思维，却真的再也没有找到。

普希金的爱是鲁莽的，海明威的孤寂是可悲的，而陆幼青的死却显得多么的无奈。

生命中到底什么才是最有价值的，下面故事中，主人公讲述了自己的故事，或许能给我们新的启悟。

熟识青青那年是在高三。

那次集体性的大排位让我和青青有缘成为前后座。

对青青，我不怎么了解。只是以前听室友谈论过她，说她是我们班上最靓的一个，对此我却从未注意过，只因我一心扑在学习上。

偶尔抬起头，也只能看到青青那头乌黑的长发，别的似乎就什么也没发现，我也无心去发现。在以后的交往中，我才发现青青的确很美，一双温柔似水的眼睛，笑时总有一对深深的酒窝。

然而，那时两耳不闻窗外事的我无心去注意这些。青青总爱拿很多问题向我请教，我也总是耐心地为她解答。之后，青青总是报以嫣然一笑。

室友们说青青对我有意思，对此我也总是报之以微笑，全当是他们的戏言，却从未做过大胆的设想。青青是个内向的女孩，怎会对我如此垂青？

青青和我的接触越来越频繁，甚至时常扭转头和我聊些海阔天空的话题，而说得更多的是她自己。有一天晚自习，我正埋头做题，一张纸条稳稳地落在我的课桌上，然后是青青淡淡的一笑，我似乎预感到了什么，拆开纸条，一行英文映入我的眼帘：“I Love You！课后找我好吗？”署名是青青，我的脸一下红了。虽然我曾经历过一段不太成功的初恋，可如此的坦白，却是我始料未及的。下课后，我急匆匆地赶回寝室。然而，那晚我却失眠了，青青的笑容总浮现在我面前……

第二天，青青总盯着我，而我却有意无意地躲避她，只顾埋头看自己的书。那晚放学后，我收拾好东西正要走，青青叫住了我，满脸的哀怨，后来竟轻轻地抽泣起来，脸庞靠在了我的肩上。我感到无力回避，呆板地拥住青青，面对青青的坦白，我笨拙而激情地一遍遍地吻着她。初吻的感觉让我意乱情迷。

以后的日子，青青更加关注我，总在适当的时候给我慰藉，让我感动不已。我真的爱上她了。

那段日子，我无心学习，满脑子都是青青，仿佛看到她在回头中不断冲我微笑，我什么也做不下去。

那次考试，我的成绩一落千丈。

面对少得可怜的分数，我的情绪坏到了极点。此时，我才意识到自己犯了一个多么严重的错误。我怅然若失，我在寻找一千个理由来隐瞒那个不愿承认的事实。然而我错了，我不能辜负父母对我的期望，更无法面对村里人的冷嘲热讽。

虽然我渴望那刻骨铭心的爱情，那令人深信不疑的海誓山盟，可现实却不能给我带来幸运和收获。我脆弱的心还负担不起那爱情的重载。现实容不得我顿足停留，我已浪费了太多的光阴，现在我已浪费不起了呀！

终于，我鼓起勇气去坦白地面对青青，那晚很静谧，月光毫不保留地倾洒在我和青青的身上。“我们分手吧，”我说出了酝酿已久的话，“我们不可以这样浪费自己的青春，我们应该去追求各自的理想才对呀！”青青惊愕地睁大她那双早已蓄满泪水的眼睛，“给我一个承诺，让我一生为你守候。”青青哽咽。我吝啬地摇摇头，我能给她承诺什么呢？除了痛苦我还能给她带来什么，我没有资格去承诺，扭转头，我却满脸的泪水，身后传来青青悲凉的啜泣……

一连几天，青青没来上课，我似乎预感到了什么，假如因为我而改变了青青一生的方向，我将会一世愧疚。后来听她的女友说，那晚青青哭了许久，睡梦中还叫着我的名字……我无言以对，感情的堤坝再也无法阻拦泪水的澎湃，我赶紧背转身……是我的妄自菲薄、不近人情让青青如此伤心。

在以后的日子里，我用拼命的学习来解脱内心的愧疚，我淡泊所有的名利与勾心斗角，甘于淡泊宁静的日子，淡漠那份已搁浅的爱情。

渐渐地，我沉下了那颗内疚不安的心，成绩也逐渐回升，最后来到一所远离家乡的学校。

若干年后，我仍时时想起青青，想起那溢满泪水的双眼，想起那份被搁浅了许久的恋情，想起那不屑的表情。不知远方的青青是否会一路走好，是否依然坚守着当年“衣带渐宽终不悔，为伊消得人憔悴”的诺言……

人生感悟

茫茫人海如果可以找到一个自己心仪的，互相真爱的人，真不容易，也是多么的幸运。也许世事不是你想的那样，没有如此完美。或许没有你想象中的那么好，应该也不会糟糕到哪里去。生活本来没有那么美好，所有幸福都要知福惜福好好珍惜。多说关怀话，少说责备话，人与人之间需要互相体谅。爱人之间更应如此。

丁香姑娘

年少的时候曾经企盼有地老天荒的爱情，有海枯石烂的情缘。但是，成熟以后，已然明白了红尘中爱的最高境界除了生死相许、除了刻骨铭心、除了相濡以沫，其实执子之手、相依相伴也是一种至高境界。

戴望舒(1905 年 3 月 5 日 ~ 1950 年 2 月 28 日)，现代诗人，又称“雨巷诗人”，中国现代派象征主义诗人。原名戴朝安，又名戴梦鸥，笔名艾昂甫、江思等。浙江杭县（今杭州市余杭区）人。他的笔名出自屈原的《离骚》：“前望舒使先驱兮，后飞廉使奔属。”意思是说屈原上天入地漫游求索，坐着龙马拉来的车子，前面由月神望舒开路，后面由风神飞廉作跟班。望舒就是神话传说中替月亮驾车的天神，美丽温柔，纯洁优雅。

戴望舒曾赴法国留学，受法国象征派诗人的影响很大。

戴望舒死时才 45 岁。这个现代派诗人，一生的恋情没有一桩完满。后来虽有过两次婚姻，但他内心一直无法忘却的是他的初恋情人——那个名叫施绛年的女子。

戴望舒认识施绛年缘于她的哥哥施蛰存。那时施蛰存是《现代》杂志的主编，和戴望舒是好朋友。起初戴望舒写的诗并不被世人看好，后来是施蛰存在《现代》杂志上主推戴望舒的诗，并高度评价他的诗是现代诗，一度让诗坛出现了与当时流行的“新月派”完全相反的诗歌。

有了这样的关系，戴望舒时常被邀至施家小住。在那里，他见到施蛰存的妹妹施绛年。施绛年当时在上海中学读书，性格活泼开朗。戴望舒被这个活泼美丽的少女所吸引。他的第一本诗集《我的记忆》出版时，他在诗的扉页题字送给施绛年，大胆地向她表白。但施绛年当时尚小，对戴望舒更多的是一份敬重和敬佩之心。她比他小五六岁，对戴望舒写的诗并不以为然，甚至在看到他给她写的热情洋溢的诗句时，也没有被打动，更多的是好奇而已。戴望舒时常把施绛年比作是丁香姑娘，生命中最爱的姑娘。可惜，天不遂人愿。

施绛年的冷漠让戴望舒痛苦不堪、度日如年。有一次，戴望舒终于无法忍受这恋爱的折磨，他以跳楼自杀这样的方式来向施绛年求爱。

戴望舒的这些过激行为，终于让施绛年开始正视他的感情。她勉强答应与他先订婚，但随后又提出这样一个条件：他必须出国求个学位，回来有个稳定收入才可。

戴望舒为了一份来之不易的爱情，有些不情愿却又必须赴法留学。在法国的那段时间，戴望舒根本没有多少心思学习。在巴黎一年，他几乎没去听过教授讲过一堂课，而是每天躲在宿舍里翻译书稿以换取生活费。这时，远在国内的施蛰存给戴望舒邮寄过他的工资作生活费。而施绛年呢？在与戴望舒分开以后，据说她与一个推销员恋爱上了，打得火热。这一切施蛰存当然知道，只是他怎么可能告诉戴望舒呢？然而，好事不出门，恶事行千里，这不好的消息传得很快，戴望舒在不久之后就在国外风闻这一切。这样一来，他就如热锅上的蚂蚁，难以安心下来，就更没心思读书了。他在国外没有拿到任何学位，倒是翻译了不少书稿。他终于忍不住回国了，找到施绛年，当得知这一切都是真的时，他难以控制住自己的怒火，竟然当着施家父母的面，打了施绛年一巴掌，从而结束了他们之间长达八年的恋爱。

为了排遣心中的寂寞和忧愁，戴望舒与朋友刘呐鸥、穆时英以及杜衡开始密切往来。

那些朋友们都知道戴望舒失恋了，心情郁闷至极，可又不知如何能让他开心，忘记忧愁。穆时英想：感情的事或许还需感情来愈合，便对戴望舒说施蛰存的妹妹没什么了不起的，我的妹妹比他的妹妹漂亮多了，你想不想见见？

戴望舒本来心灰意冷，没抱什么希望，没想到见到穆时英的妹妹穆丽娟时，他还是意外了一下。穆丽娟性格温顺，感觉比施绛年漂亮多了。

穆丽娟虽然初中毕业，学历不高，但却喜好文学，受哥哥的影响很大，喜欢看一些小说和诗歌，对诗人更是崇拜万分。她原来读过戴望舒的诗，从没想过有一天会见到他这样的大诗人。这让穆丽娟非常兴奋。

戴望舒与穆丽娟交往，起初并不是为了爱情，而是为了让自己彻底忘记施绛年。

彼此熟悉之后，穆丽娟被戴望舒邀到家里抄稿子。在戴望舒所租住的房子里，穆丽娟常常帮戴望舒抄稿到深夜。在抄写稿件的过程中，穆丽娟时常向戴望舒请教，有时候也会探讨一番，如此一来，他们的感情更深入和融洽了。

1936年，戴望舒在上海的一家饭店，与穆丽娟举办了隆重的婚礼。新婚的甜蜜刚过没多久，穆丽娟就发现诗人的生活并不如当初想象的那般浪漫，戴望舒每天就是看书读书，很少说话，枯燥而孤独。那时候的穆丽娟还不到20岁，带着个孩子，整日与忙忙碌碌的戴望舒在一起，很不适应那样的苦闷生活。

令穆丽娟感觉不舒服的是，戴望舒为《初恋女》写的词：你牵引我到一个梦中，我却在别的梦中忘记你，现在就是我每天在灌溉着蔷薇，却让幽兰枯萎。

这首词的广为传唱让穆丽娟更加悲伤。用戴望舒外甥女的话来说，穆丽娟认为幽兰是指施绛年，恰恰是他心里想的，穆丽娟是蔷薇，带刺的那种。

1939年，“二战”全面爆发。为了避难，戴望舒带着家人从上海搬到香港。来到香港后，戴望舒很快成为香港文坛的核心人物，这就让他更忙碌了。忙碌让戴望舒在穆丽娟面前愈发沉默，而穆丽娟对感情的需求几乎被忽视。

穆丽娟与戴望舒的情感危机，在这乱世的颠沛流离中，通过两件事情引爆了。

1940年6月，穆丽娟的哥哥穆时英在上海被国民党特务刺杀身亡，戴望舒却不让穆丽娟回上海奔丧。更令人难以理解的是，穆丽娟的母亲病逝，戴望舒扣下了从上海发来的报丧电报，没有告诉穆丽娟。穆丽娟根本不知道母亲已病逝，还穿着大红衣服带着女儿玩，还是朋友告诉了她这一不幸的消息。

为此，穆丽娟非常生气，急忙带着女儿，坐船回到上海。母亲已经离去，穆丽娟为没能见到母亲最后一面，十分难过。

穆丽娟在上海，回忆与戴望舒在一起的几年，觉得太痛苦了。他们之间已经没有爱情，这对23岁的穆丽娟来说，以后漫长的岁月实在难熬下去。这时，穆丽娟已有了离去之意。

戴望舒没想到事情会这般严重，直到穆丽娟给他写来离婚信，他还不愿相信。

戴望舒赶紧回到上海，乞求穆丽娟跟他回香港，穆丽娟自然是不答应。巧的是，在上海时，穆丽娟遭遇了另一段新的情感，一个大学生非常爱慕她，热烈地追求她，经常给她送花，还有甜言蜜语。有了对比，穆丽娟才豁然明白，原来爱情也可以是这样的，可以有男人来天天给她送花，她被如此重视，如此捧在心口。有了对比，戴望舒那边就更没有指望了。

戴望舒回到香港后,在一个寂寞的深夜,写下了一封绝命书。戴望舒自杀了，在危急中被朋友又一次挽救。

穆丽娟听说了戴望舒自杀的事，但没有任何表情，连惊讶都没有。她怎么也弄不明白，为何戴望舒写得出那样浪漫感人的诗行，在生活里却表现得那样沉默寡言、索然无味？还是他终究不爱她，他的爱情已被施绛年深深埋葬了？

穆丽娟再也不想回头，她是不会再回头了。之后，戴望舒与另一个比他小26岁的女子杨静结婚了,可是也没过几年,杨静便弃他而去。在戴望舒的生命中，女人是不同的，可结局却是如此的相似。或许可解释为一种宿命，可谁又能说得清楚呢？

与他相识的那些女子，最初个个爱他、崇拜他、敬佩他，以为与他在一起便能享受到所有的浪漫与呵护，能像仙女一样享受人间的浪漫，哪知他根本是个工作狂，过着那种毫无情调的刻板生活。孤独和寂寞，最终吓跑了他身边的每个女子。

只可惜，戴望舒前后自杀了几回，爱情还是变成了一潭死水，再也没有半点波澜。1949年，戴望舒回到内地在国际新闻局法文组从事翻译，1950年因气喘病去世。

人生感悟

面对那些工作狂，女人该怎么办？是独自忍耐，还是红杏出墙？或许各有各的道理，孰是孰非，无法判定。

清者自清，浊者自浊，只要自己问心无愧，哪怕最大的后果也要自己来承担。

刻满思念的梧桐树

不是所有的爱情都能白头偕老。

不是所有的婚姻都如西瓜待熟，全是殷红蜜意。

围城中不时有各色男女承受不起涓涓时间与琐碎日子的拷问，把柔嫩如花蕾的爱情弄脏了，把温存的心弄粗糙了。没有了爱情的婚姻是一项随时可以中止的契约。举目四望，触礁的爱情、沉没的婚姻无数。不知什么时候，你头顶上那一片粉红色的祥云，也镶嵌上一圈铅灰色的边。

西格蒙德·弗洛伊德（1856 ~ 1939），奥地利精神分析学家，精神分析学的创始人，著作有《梦的解析》《精神分析引论》《爱情心理学》等。弗洛伊德的早年生活很少为人所知，因为他至少两次销毁他的个人记录，第一次是 1885 年，第二次是 1907 年。

这位精神分析学创始人因在婚姻上坚守固有的传统道德而一直享有很高的声誉。然而，瑞士风景如画的阿尔卑斯山脚下一家旅店登记簿上的住宿记录，不经意间打开了一段尘封百年的历史……

1882 年的一天，弗洛伊德的诊所里来了一位年轻的女病人，同她一起来的是一个 18 岁的少女。当弗洛伊德看到这名少女时，生平第一次体悟到了触电的感觉。

这个女病人主动介绍自己：我叫玛莎，教会工作人员，一起来的少女是我的妹妹密娜，维也纳的一名音乐教师。

这次偶然的邂逅使玛莎对年轻英俊的弗洛伊德一见钟情。热情开朗活泼的她很快对弗洛伊德展开了主动攻势，然而弗洛伊德念念不忘的却是玛莎的妹妹密娜。不久后，玛莎邀请弗洛伊德去自己家里做客。第二天晚上，弗洛伊德来到玛莎家，当他看到密娜挽着一位英俊帅气、气度不凡的青年时，心在一瞬间变得冰凉。

之后，弗洛伊德尽量掩饰自己的失落。在家庭晚宴上，弗洛伊德知道了这位英俊青年名叫伊凡，是一位身份显赫的伯爵，也是密娜的未婚夫。当时只是一个名不见经传的神经科医生的弗洛伊德感受到了前所未有的自卑和苦恼。

失落的弗洛伊德一个人来到客厅的钢琴前，情不自禁地弹奏起舒伯特的《美丽的磨坊姑娘》。这首曲子描写了一个凄美的爱情故事：一位天真的青年磨工，不幸为情所困，最后为情而死。据说舒伯特创作《美丽的磨坊姑娘》的灵感就来源于磨坊主的女儿每天提着水桶打水的情景。

回家的路上，弗洛伊德独自经过一条宽阔的梧桐大道，在一棵枝叶茂密的梧桐树下，驻足良久。最后，他在这棵大树上刻下了这样的诗："假如不能做你的天空／给你整个世界的爱／那么让我做一轮月亮／在想念你的晚上可以用一帘月光轻抚你的脸庞／献给最爱的 M.B.（密娜·伯奈斯名字的缩写）"。

很长一段时间之后，弗洛伊德决定忘记密娜，接受玛莎的爱情。他将全部的秘密都交付给了那棵梧桐树。

可喜的是，弗洛伊德和玛莎很快结婚了，并且很快有了一个儿子。密娜也嫁给了伊凡，生活美满幸福。可是不久，一场灾难不幸降临了！

一个寒冬的夜晚，密娜家忽然着火了！伊凡拼命保护着密娜逃出火海。热浪灼伤了密娜的双眼，而伊凡除了面部没有受伤，四肢几乎烧焦了。

医生说，密娜必须考虑更换眼角膜，否则双眼或许将永远失明，而此时的伊凡已经进入病危期。弗洛伊德赶到伊凡的病床前时，伊凡正在艰难地比画着让律师记录遗嘱。除了所有财产留给密娜以外，伊凡还郑重嘱托，一定要立刻将自己的眼角膜移植给密娜。

当天晚上，伊凡带着遗憾去世了。

密娜的眼角膜移植手术很成功，很快恢复了光明，可是失去了丈夫的密娜再也没有绽放过笑容。

看到妹妹如此伤心，玛莎主动提出要将密娜接到家里来一起生活。在玛莎和弗洛伊德的悉心呵护下，密娜的脸上渐渐浮现了久违的笑容。此时的弗洛伊德却陷入了深深的自责和矛盾中。因为他发现自己每见一次密娜，对密娜的爱就多了一分。失魂落魄的弗洛伊德在庭院里，再一次奏响了那首《美丽的磨坊姑娘》。几乎和做梦一样，不知何时，密娜出现在了弗洛伊德面前。她的视线那么幽怨，欲言又止。

“假如我和你在一起，不仅无颜面对自己的姐姐，更没有勇气面对死去的伊凡！当初，为了让我重见光明，也为了不让我再看到他被烧伤后丑陋不堪的身体，伊凡忍着剧痛拔掉了自己的氧气管！伊凡是为我而死的……”密娜真的已经无法控制住自己的感情。

弗洛伊德被密娜的表情惊呆了。犹豫了良久，最后他还是鼓起勇气，拉起密娜的手，一起来到那棵刻满思念的梧桐树前。当密娜看到刻在树干上的诗句，她再也抑制不住内心的爱情，扑向了弗洛伊德的怀抱。

也就从那一天起，只要一逮住机会，弗洛伊德就会和密娜在一起。每当阁楼里悠扬的小提琴曲《美丽的磨房姑娘》传来时，密娜就会千方百计避开家人的眼睛，和弗洛伊德偷偷幽会。

不久之后，密娜怀孕了，这意味着弗洛伊德必须尽快在玛莎和密娜之间作出艰难抉择。被一时的激情冲昏了头脑的弗洛伊德最终选择了爱情至上，打算与密娜一起私奔。

3 天以后，弗洛伊德带着密娜出现在阿尔卑斯山脚下。他们住在马罗亚旅馆的 11 号房间，并且用“西格蒙德 · 弗洛伊德博士和妻子”登记住宿。

私奔的第一天，他们两人都忧心忡忡。

弗洛伊德拨通了家里的电话，电话铃只响了一声，就传来了玛莎急切而惊喜的声音 :“是你吗？你还好吗？你不想说话吗？假如你一切都还好，就在我数 3 个数前挂电话，好吗？我和儿子永远等你回来，我永远是最爱你的玛莎……”

弗洛伊德按照约定挂了电话，潸然泪下。蓦然转身，发现密娜怔怔地坐在床边。真是此时无声胜有声，两个被内疚和自责煎熬着的情人，一夜相拥无眠。

第二天早上，弗洛伊德和密娜携手来到了美丽的阿尔卑斯山脚下。山顶的积雪很厚，山脚下却是宁静的冰湖。当地人告诉他们 :这里曾经住着一个非常美丽的仙女，一位少年对她一见钟情。上帝告诉他，假如他愿意变成一座大山，常年经受积雪的冰冻和严寒，他就可以永远陪伴这位仙女。少年毅然接受了这个苛刻的条件。在化成大山之前，他流下了最后的一滴眼泪，这滴眼泪就化作了这片宁静的湖水。

听完这个凄美的爱情故事，弗洛伊德的心久久难以平静。也许，从他们决定相爱的那一刻，就注定会流尽最后一滴眼泪，而玛莎的心将会变成千年不化的冰山。

回到旅馆之后，弗洛伊德忍不住再次给家里打了电话，听到儿子在电话那端稚气的声音，得知玛莎自杀未遂，弗洛伊德忍不住挂了电话，痛哭流涕。密娜也开始懊悔不迭，两个人抱头痛哭。

过了没多久，密娜离开马洛亚旅馆的房间。“我永远爱你。只是从此以后，这份永恒的爱只会潜藏在心底，连同那个美丽的传说一起沉入阿尔卑斯山冰湖湖底。”

两天后，弗洛伊德回到了家中，玛莎并没有追究两个人同时失踪的几天里到底发生了什么，她只是给了弗洛伊德一个长长的拥抱。

从此以后，弗洛伊德和密娜结束了情人关系，将全部精力投入到精神分析学领域中去，写出了传世巨著，最终成了闻名全球的精神分析学之父。

人生感悟

请相信未来，请相信爱情。当你心神躁动时，品味一下叶芝的那首《当你老了》：……多少人爱你青春欢畅的时辰，爱慕你的美丽，假意或真心，只有一个人爱你那朝圣者的灵魂，爱你衰老了的脸上痛苦的皱纹；……

无论如何，我还是相信爱情，相信做错了事情会改正，一切可以从头再来。什么都会变得安宁，什么都能像从前一样，幸福不再遥遥无期，前尘往事也不再是留念而已。

生命的柠檬茶

我们总以为爱一个人好难，其实相爱总是太简单，一次相逢，一句贴心的话，几次眼神对视都可以造就惊天动地的爱情。

有这样一个故事：一对情侣在咖啡馆里突然发生了口角，彼此互不相让。然后，男孩愤然离去，只留下他的女友在那里独自垂泪。

心烦意乱的女孩搅动着面前的那杯清凉的柠檬茶，泄愤似地用匙子捣着杯中未去皮的新鲜柠檬片，柠檬片已被她捣得不成样子了，杯中的茶也泛起了一股柠檬皮的苦味。

女孩叫来了服务生，要求换一杯剥掉皮的柠檬泡成的茶。

服务生看了一眼女孩，没有说话，拿走那杯已被她搅得很浑浊的茶，又端来一杯冰冻柠檬茶，只是，茶里的柠檬还是带皮的。

本来心情就不好的女孩更加恼火了，她又叫来了服务生，“我说过，茶里的柠檬要剥皮，难道你没听清吗？”她斥责着年轻的服务生。

服务生看着她，他的眼睛清澈明亮，“小姐，请不要着急，”他说道，“你知道吗，柠檬皮经过充分浸泡之后，它的苦味溶解于茶水之中，将是一种清爽甘洌的味道，正是现在的你所需要的。所以请不要着急，不要想在三分钟之内把柠檬的香味全部挤压出来，那样只会把茶搅得很浑浊，把事情弄得一团糟。”

女孩愣了一下，心里突然有一种被触动的感觉。她望着服务生的眼睛，问道：“那么，要多长时间才能把柠檬的香味发挥到极致呢？”

服务生笑了：“十二个小时。十二个小时之后柠檬就会把生命的精华全部释放出来，你就可以得到一杯美味到极致的柠檬茶，但你要付出十二个小时的忍耐和等待。”

服务生顿了顿，又说道：“其实不只是泡茶，生命中的任何烦恼，只要你肯付出十二个小时忍耐和等待，就会发现，事情并不像你想象的那么糟糕。”

女孩看着他，“你是在暗示我什么吗？”

服务生微笑：“呵呵，我只是在教你怎样泡制柠檬茶，顺便和你讨论一下用泡茶的方法是不是也可以泡制出美味的人生。”

服务生鞠躬，离去。

女孩面对一杯柠檬茶陷入了沉思。

女孩回到家后自己动手泡制了一杯柠檬茶，她把柠檬切成又圆又薄的小片，放进茶里。

女孩静静地看着杯中的柠檬片，她看到它们在呼吸，它们的每一个细胞都张开来，有晶莹细密的水珠凝结着。她被感动了，她感到了柠檬的生命和灵魂慢慢升华，缓缓释放。十二个小时以后，她品尝到了她有生以来从未喝过的最绝妙、最美味的柠檬茶。

女孩明白了，这是因为柠檬的灵魂完全融入其中，才会有如此美妙的滋味。

门铃响起，女孩开门，看见男孩站在门外，怀里一大捧娇艳欲滴的玫瑰。

“可以原谅我吗？”他讷讷地问。

女孩笑了，她拉他进来，在他面前放了一杯柠檬茶。

“让我们有一个约定，”女孩说道，“以后，不管遇到多少烦恼，我们都不许发脾气，定下心来想想这杯柠檬茶。”

“为什么要想柠檬茶。”男孩有些疑惑。

“因为，我们需要耐心等待十二个小时。”女孩回答道。她之后还听过这样一个故事，同样令她感触颇深：春暖花开的时候，三只毛毛虫在河边散步，它们都看到了对岸繁花似锦。大毛毛虫说要绕过河去赏花，二毛毛虫说我要在河上建一座桥梁后过去赏花，三毛毛虫一言不发，静静呆在原处。几天之后，大毛毛虫累死在路上，二毛毛虫被河水冲向远方，三毛毛虫却等待着，直到自己结成了一个茧，然后破茧成蝶，扑着翅膀，飞到了对岸花丛中。

后来，女孩将柠檬茶和毛毛虫化蝶的秘诀运用到她生活中的各个方面，她的生命因此而快乐、生动和美丽。

女孩恬静地品尝着柠檬茶的美妙滋味，品尝着生命的美妙滋味。

人生感悟

请记住那位服务生的话：“如果你想在三分钟内把柠檬的滋味全部挤压出来，就会把茶弄得很苦，搅得很浑浊。”

生命如茶，慢慢地等，细细地品，滋味无穷。

卡迪亚的爱情绝恋

人非草木，孰能无情。但人生就是如此的残酷。生命的跌与落，并不是因为命运的驱使所致的，在很大的程度上说，靠的是我们自己对生活而不是生命的把握。

“爱她，就送她卡迪亚珠宝！”现在，卡迪亚珠宝已成为全世界有情人的梦想，其经典的红盒子早已成为奢华与真爱的象征，它历经 160 多年风雨，创作了无数光彩夺目的优秀作品。卡迪亚品牌的创立和发展，这期间的恩恩怨怨、起起伏伏，完全可以书写一部家族的奋斗史、创业史。

（一）

人跟人相处久了，自然而然会产生默契，你了解我的脾气，我包容你的任性，只要一个眼神、一个小动作，就知道对方心里在想什么，彼此融洽和谐。这样的感觉和缘分，有时候，还真是可遇而不可求。

早在 1919 年春天，对于 44 岁的约瑟夫 · 卡迪亚来说是个不同寻常的时节。

那时，创立于 1847 年的家族珠宝品牌卡迪亚已从祖父的手里传到了他这一代。在大多数人的眼中，约瑟夫才华横溢，更有着精明的商业头脑，他的父亲早就将他看成是卡迪亚家族无可替代的接班人。然而，美中不足的是，约瑟夫的婚姻属于纯粹的商业联姻，他和妻子之间没有什么感情基础。

1919 年 4 月，约瑟夫参加了巴黎上流社会的一个聚会，当时就很著名的可可 · 香奈尔也在其中。一个装扮时尚、气质脱俗的年轻女孩朝着他们走了过来。她是香奈尔的朋友珍妮 · 杜桑小姐。当香奈尔向珍妮介绍约瑟夫时，约瑟夫仍然是那种居高临下式的微笑，以他的经验，接下来一定会听到那些溢美之词。出乎意料的是，珍妮开口就是一瓢冷水：“亲爱的约瑟夫先生，卡迪亚的珠宝什么时候能打破一成不变的老传统呢？”在场的所有人都目瞪口呆，约瑟夫更是备感尴尬。可内心里，约瑟夫不得不承认她说中了自己的担忧。此时的卡迪亚确实陷入了设计枯竭期，好像一下子没有灵感了，他正为无法突破自己品牌陈旧的风格而苦苦思索、挣扎。

香奈尔告诉约瑟夫，珍妮刚 24 岁，虽然不是从专业学校毕业的设计师，但她具有极高的设计天赋。带着一种恶作剧的报复心理，约瑟夫向香奈尔提出，想邀请珍妮参加卡迪亚正在举行的设计大赛，如果通过就直接进入他们公司工作。这对珍妮来说是一个发展的绝好机会，她不知道，约瑟夫的本意是想让珍妮在众多参赛者面前出丑。然而，当约瑟夫给比赛的获奖者颁奖时，他惊讶半天都没有回过神来——冠军获得者竟是珍妮 · 杜桑。

（二）

就这样，珍妮顺利进入了卡迪亚公司。个性鲜明、追求时尚的她带给了卡迪亚源源不断的生机和灵感，让卡迪亚的品牌不断发扬光大。为了获得艺术源泉，这个爱冒险的女子竟然申请前往美洲丛林考察，并鼓动约瑟夫也随他们的考察队一起去。这一次，约瑟夫竟鬼使神差地答应了。

这一天，考察队的大多数人员都在营地休息，珍妮和约瑟夫决定开车去四周看看。在一片并不茂盛的草地上，一种美丽的美洲兰草正开得娇艳无比，他们停下车来游玩。

恰在这时，意外发生了：一只健壮的美洲豹悄无声息地开始慢慢靠近约瑟夫。珍妮发现了这一可怕的情况，大喊约瑟夫快逃。约瑟夫扭过头来，意识到自己的危险处境，惊恐之间残存的一丝理智告诉他，假如立即奔跑，美洲豹必将扑过来咬住他。于是他猛地掉转那架硕大的相机，对着美洲豹“咔”地一按，闪光灯把美洲豹吓住了。就在这生死危机的关头，珍妮赶忙脱下上衣，用随身携带的打火机点燃，向美洲豹投掷过去。那家伙被一团火焰吓住了，逃进了丛林。约瑟夫立即和珍妮飞奔到十几米外的吉普车上。惊心动魄的时刻过去了，当车子开到了安全地带后，劫后余生的两个人紧紧地拥抱在一起。回到巴黎后，珍妮满怀甜蜜和快乐，设计出了一系列与大自然有关的珠宝饰品，很快就得到了市场和顾客的认可。

之后，珍妮和约瑟夫迅速坠入爱河，尽管约瑟夫已有妻儿，可在充满原始气息的美洲丛林，他们全然抛却了世俗桎梏，更忘却了彼此 20 岁的年龄差距，尽情沉醉在激情里。在那里，珍妮和约瑟夫惺惺相惜、无怨无悔，然而，巨大的身份落差使他们在社会舆论和家族的压力下不堪重负，他们尽情地享受着美洲草原的原始粗犷和壮阔激荡的景色，另一方面也从这大自然巧夺天工的神奇里寻找着设计的元素和灵感。

（三）

1920年，约瑟夫宣布珍妮担任卡迪亚珠宝王国的艺术总监。约瑟夫的弟弟雅克和皮埃尔觉得哥哥简直疯了，让一个这么年轻的女人担任如此重要的职务。

弟弟雅克敏感地察觉到约瑟夫与珍妮之间的情愫，于是派人跟踪调查，发现了约瑟夫和珍妮的情人关系。雅克告诉了老父亲。老父亲勃然大怒，打算把珍妮赶出卡迪亚公司。可当老父亲得知珍妮很有设计天赋，为公司带来了源源不断的灵感和客户以后，他私下里会见了珍妮。他给珍妮两个选择：要么离开卡迪亚，要么留在卡迪亚当艺术总监，但必须与约瑟夫划清界限。为了能和心爱的人朝夕相处，珍妮忍痛选择了后者。

约瑟夫不忍心让珍妮受折磨和委屈，意欲抗争，可珍妮却流着泪对约瑟夫说："只要让我留在你的身边，能让我天天看到你，这样就足够了。"

1936年12月，即位不到一年的英国国王爱德华八世为了跟离异两次的美国平民女子辛普森夫人结婚，毅然宣布退位。为了表达自己的爱情，成为温莎公爵的他请卡迪亚公司为公爵夫人设计首饰。这个重任自然落到珍妮身上，温莎公爵"不要江山要美人"的爱情故事深深地感动了她，也让她想到自己与卡迪亚继承人约瑟夫之间毫无希望的未来。

珍妮绞尽脑汁，想在珠宝设计上用一种全新的风格诠释这种坚贞。终于，和约瑟夫在美洲丛林遇险的情景浮现在珍妮脑海，她将自己全部的感情融入设计中，设计出"猎豹"胸针、"BIB"项链、"老虎"长柄眼睛和"鸭子头"胸针等一系列珠宝饰品。接着，一个装有57件卡迪亚首饰的珠宝盒被送到温莎公爵夫人手中，她被丈夫的爱感动得泪流满面。那件猎豹造型的胸针更让她爱不释手，那只镶满亮钻的白金小猎豹，怀抱着一个重达18.29克拉的所答枕形红宝石，祖母绿镶嵌的双眼闪着柔和又警觉的光。此后，无论温莎公爵夫人随丈夫去哪里，她都戴着"猎豹"胸针。她哪里知道，这枚胸针暗藏着另一个女人悲凉的情感寄托。

珍妮成功了，当她眼含热泪与约瑟夫共同举杯庆祝时，约瑟夫的妻子发现了丈夫和卡迪亚王牌设计师之间的隐秘情感，也弄清了卡迪亚家族和她之间达成的协议。她立即向丈夫和卡迪亚家族发出警告，假如继续让珍妮留下，她就把卡迪亚继承人和艺术总监之间的丑事公之于世。眼看约瑟夫因饱受煎熬而憔悴，珍妮心痛不已。她不愿意自己所爱的人痛苦，也不愿意看到她倾注了无数心血的珠宝品牌因她而形象受损。她想该是放手的时候了。

（四）

1942 年夏天，在一个星光点点的夜晚，珍妮把约瑟夫约至塞纳河边，准备做最后的告别。没想到约瑟夫拿出一个红色的盒子，里面静卧着一枚精致的梨形钻戒。约瑟夫说，他决定放弃卡迪亚家族的一切，与心爱的女人厮守一生。当他为珍妮戴上戒指时，她潸然泪下。可她永远无法料到，这戒指不是今生的承诺，而是来世的约定。回去的路上，珍妮的车出了车祸，而那天约瑟夫为了跟心爱的女人多待一会儿，并没有开自己的车，也在她车上。他因为伤势严重，再也没有醒过来。

珍妮昏迷了一周之后才清醒，当得知约瑟夫的死讯，她几乎痛不欲生。几个月后，又传来雅克在伦敦突然去世的消息，据说是因哥哥约瑟夫的死酗酒过量。接连发生的噩耗使卡迪亚家族蒙上了悲剧的阴影，珍妮成了众人眼里的灾星。这时，卡迪亚剩下的唯一继承人皮埃尔却站了出来，他希望珍妮留下来，只说了一句话：“我并不是宽恕你，而是让你有机会宽恕自己。”

此后的 30 年里，珍妮将这句话镌刻在自己的心上，她拼命地工作，只为约瑟夫完成他未竟的事业。

时间到了 1964 年，病入膏肓的皮埃尔把珍妮叫到纽约，此时的珍妮已是一个小老太婆了。皮埃尔给珍妮讲了一个惊天的大秘密：约瑟夫遭遇的那场车祸，原来并不是简单的意外。那时的约瑟夫迟迟不肯离开珍妮，使雅克和皮埃尔对珍妮怀恨在心，他们觉得她是随时可能引爆卡迪亚的炸弹，而让她消失的唯一方式便是让她意外死去，于是雅克在珍妮的车上动了手脚。万万没有料到的是，那天约瑟夫上了珍妮的车。因为极度的恐慌和罪恶感，雅克整日借酒浇愁，也在同一年去世。为了维护卡迪亚的声誉，皮埃尔在此后几十年里始终守口如瓶。直到生命即将结束，他不忍心让珍妮在悔恨中度过余生，终于揭开了这个尘封已久的秘密。

爱情总是在精彩过后，让人失望到极点，没有再来一次的精彩。同样的人同样的爱情，不可能在经历过一次精彩之后，会让你重新感受到第二次。

人生感悟

也许你觉得永远不会交集的两个人，因为某些原因交集了。在相处的过程中，彼此互相温暖。

有些爱情虽然不绚烂，可是平淡中不免感动！爱情，就是这么毫无理由的东西，你说不出那个人有什么好，但就是怎么也忘不了。爱情与年华，谁成全了谁?

此情可待成追忆

生活有时阴差阳错，你错过了一时，就似乎注定要错过一生了。做人有时很难堪，常常要等蓦然回首，才会惊觉最渴望与之携手的人已经另有怀抱，而自己也早已肩负着一份沉甸甸的责任。

1796 年初，年仅 27 岁的拿破仑，在巴黎邂逅了约瑟芬 · 德 · 博阿尔内德。

约瑟芬早年历经坎坷，她嫁的丈夫博阿尔内德子爵是个花花公子，一事无成，只会花天酒地，后来在法国大革命中被推上了断头台。约瑟芬受他的牵连，被下狱和死囚关在一起，本来也是要送命的，却因为美貌而得到赦免。这里有两种传言，一种是巴黎人民惊叹于她的美貌，强烈要求赦免；另一种是她后来的情夫，当时的热月党人首脑之一塔里昂的干预。

当时约瑟芬已是一位 33 岁的富遗孀。她仪态万方，风姿绰约，浑身散发着成熟妇人特有的迷人风韵，如一颗丰润、饱满的草莓果，深深地吸引了貌不惊人、瘦弱矮小的拿破仑。而善解人意的约瑟芬，则夸奖拿破仑“将来定是个伟大的将军”。两个人可以说是一见倾心，一见钟情。

拿破仑一改往日的沉默寡言，表现出“几乎达到了发狂地步的强烈的爱情”，决心要和约瑟芬白头偕老。三个月后，拿破仑与约瑟芬终于结婚了。

婚后不过两天，拿破仑奉命指挥意大利军队摆脱奥地利的统治，约瑟芬则留在了巴黎。远征的拿破仑非常想念他“心目中的女神”。他每天趴在战壕里给爱妻写信：“你使我整个身心都注满了对你的爱，这种爱夺去了我的理智——我会离开军队，奔回巴黎，拜倒在你的脚下”“我无时无刻不在注视着你的照片，无时无刻不在你的照片上印满我的吻。”……

拿破仑不断地给约瑟芬写信，几乎是每天一封，并请求约瑟芬前来相聚。但是，他寄出去的“无尽相思和万般爱恋”，却石沉大海，杳无音信。约瑟芬总是无情地拒绝，甚至极少回信。任拿破仑在信中怎么样苦苦哀求：“你明明知道你的信能带给我何等的快乐，但你却不肯草草地写上六行字给我……我因没有你的信而寝食难安。”

没过多久，拿破仑便风闻，他的新婚妻子约瑟芬在巴黎有了外遇。他在信中痛苦地写道：“你曾答应给我温柔而忠诚的爱情，它被什么样的感情窒息并排挤了吗？以至于你没有时间对丈夫略表关心呢？我的爱人。请求你马上给我写信，充满柔情蜜意的信……”

遗憾的是，约瑟芬依旧我行我素、惜字如命。直至拿破仑结束征战回国时，约瑟芬才赶忙前去迎接，但因走错了道，与拿破仑凯旋的队伍擦肩而过。当约瑟芬回到家时，拿破仑并没有“紧紧地把她搂在怀里，如同赤道下炽热阳光般的热情千万次地亲吻她”，而是拒绝与她会面。后因约瑟芬的儿子（前夫所生）再三哀求，她本人又眼泪汪汪地检讨，拿破仑才原谅了她。

1804年5月，拿破仑被拥戴为法兰西帝国第一任皇帝，他邀请教皇给他加冕。此时的约瑟芬悄悄找到教皇，向他诉说了自己对婚姻的担忧。她恳请教皇出面干预，使她的婚姻有所保障，使她自己能够顺利成为法兰西帝国的皇后。

拿破仑的家人一向不接受约瑟芬，对她的放荡更是添油加醋地告诉了拿破仑，拿破仑大怒。于是约瑟芬哭了，肝肠寸断。拿破仑叹了口气原谅了妻子，最终还是为她戴上了皇后的宝冠，但是忠贞一去不回。

典礼当天，皇帝拿破仑穿着红色天鹅绒上衣，身披绣花披风，戴着镶嵌钻石的勋章。约瑟芬则满面春风，款款有致，惹人喜爱。她身穿一袭华丽的白缎长袍，头戴名贵珍珠钻石镶嵌的皇后桂冠，如愿以偿。

然而，不久之后，拿破仑封闭了他和这位皇后卧室之间的通道。1809 年，他在杜伊勒里宫的内厅，以政治和国家需要为由，要求结束这一段婚姻。他走近约瑟芬，拿起她的手按在自己胸口，凝视片刻说："我亲爱的约瑟芬！你知道我曾经爱过你，我在人世得到的仅有的幸福时刻，都是你一人赐给的。不过，我的命运要高过我的意志，我最珍贵的爱情必须让位给法国的利益。"约瑟芬倒在地上，伤心绝望地哭泣……同年 12 月 16 日，拿破仑与约瑟芬正式离婚。

离婚后，历史仿佛走了一个轮回。约瑟芬独居在马尔梅松，每天唯一的精神寄托，就是不断地给拿破仑写信，表明自己有多么爱他、多么思念他。但是，拿破仑回答她的，则是她昔日给予他的冷淡和冷漠。

约瑟芬在信中写道："我知道自己是怀着非常痛苦的心情写这些信的，痛苦的原因是从你那里我没有收到哪怕一个字。"

真是满纸痛苦言，一腔伤心泪啊。可是，当初的不珍惜、当初的背叛，错过了，失去了，注定是"此情只待成追忆，谁教当时你妄为"的落寞和悲哀。

他们的关系所经历的变化是有趣的。初期，约瑟芬对于拿破仑的炽烈爱恋，报之以冷漠和不检点，使得拿破仑对她的热情和爱情逐渐归于平静、淡漠。几年之后，轮到她去追求爱情时，却为时已晚。

有人评论说："人生变化无常、际遇无常。但拿人生最可贵的东西——爱情来玩弄，跟人生开玩笑，真是聪明得近乎大傻子了。"

1814 年 4 月 6 日，拿破仑退位。

1814 年 5 月 29 日，约瑟芬去世，就在复辟的国王要召见她的几天前。

传记中认为皇后是附庸权势的，在皇帝倒台以后又以受害者的身份接受波旁王朝的接见，并极快地征服了俄国沙皇以及其他拿破仑的敌人。

在得知约瑟芬去世的消息后，流放中的拿破仑大为震惊，整整两天没有步出房门。他对约瑟芬所做的最终评语，写来宛如她还活在世间："我没有一天不是在爱你之中度过，我没有一个夜晚不将你拥抱在怀里……没有一个女子赢得我如此之深的爱心，赢得过更多的痴情、狂热和温顺……非死亡不能将我们分离。"

最懂的还是他们彼此。

人生感悟

“如果你因为错过了太阳而哭泣，那么你也要错过群星了”，人生就是一个经历并学习的过程，只有在体会过失去的痛苦以后才知道珍惜，但是以前的永不再来，这就是成长的代价。珍惜现在自己拥有的，对一切存感激的心，这样才会获得从容优雅。

每个人的生命里，都会遇到不少人，各种性格，各种不同的人，有几个是你的知音呢？有几个是深爱自己的人？又有几个是你深爱的呢？与其众里寻求千百回，不如疼惜眼前人。

【辑二】
爱，要经得起平淡的流年

人生是5%的刺激、5%的痛，再加上90%的平淡。我们为了5%的刺激而忍受5%的痛，然后用90%的平淡来度过。

一切最简单的，都是返璞归真的。多少年以后，如果我有一份爱情，如果让我去经营一份爱，我会让爱经得起流年的平淡。因为我相信，爱的最高境界是要经得起平淡的流年。

平平淡淡才是真

有人说，10 年的婚姻是道坎，过去了地久天长，过不去就形同陌路。

可对于伟来说，才 8 年的婚姻已步入了危机之中。原来眼中美丽的妻子已变得婆婆妈妈，回到家里除了做饭就是陪着孩子或者看电视，如果不回家就找几个牌友甩上半天。而妻子对伟的意见更大，很少回家，回到家躺在床上就睡。家，对于他们来说，不再是温暖的港湾，而是除了沉默就是吵架的地方。与要好的朋友说起来，都有同感。大家便感叹道：凑合着过吧，为了孩子。感叹中充满着一份无奈。

妻子说："这种平淡的日子没法过了。"伟想也是，他和妻子都是不能忍受平淡的人，都渴望激情的生活，时时刻刻都盼望有一份浪漫。想起认识她的时候，就是经常的不经意的浪漫和一束束鲜红的玫瑰打动了她的心，她送给伟的则是轻轻的一吻或者甜甜的一笑。现在这一切都不复存在了，浪漫像花一样已经错过了季节。

那天，伟和妻子趁周末回农村老家。父亲正在自家院子里种菜，累得汗都出来了。这时母亲走过去，拿起毛巾一边替父亲擦汗一边说："别太累了，你的身体又不好。"父亲朝母亲笑了笑，照样干他的活。那一刻，伟突然感动于这再平淡不过的一幕，原来总以为从未言爱的父母根本不懂爱情，而他们之间的这种默契和相互的一笑是多么真实的感情啊！

回家的路上，伟坐在中巴车里，妻子到一个水果摊上买了几个苹果，然后非常细心地给他削了一个。在递给他的那一刻，伟竟被妻子这平常的动作感动了。妻子对伟说："看爸妈平常连话也不说，还谈什么爱情。不过，妈递毛巾的那一刻让我感到，平淡中的真情才是最伟大的。"

说真的，能够在平淡中寻到精彩的人，一定是个幸福快乐的人。

她和他生活了 10 年，一直没有要孩子。一来因为她身体瘦弱，从小病恹恹的；再者她觉得，女人只有对男人的爱渗透进了骨子里才会心甘情愿为他经历那场血与火的洗礼，因为她觉得自己对他，还没有那份热情。

他很忙，可是他更疼她。他们的生活，最常见的情景就是：他忙前忙后、乐呵呵地为她洗药、煎药；而她，则拿了遥控器，搜索每一个电视频道的文艺剧，在别人的故事里流泪欢笑。日复一日，年复一年。

有时候，她看着他操劳的背影，就禁不住要问：难道，这就是爱情的样子？幸福的下落？

她很快就找到了答案。因为她再一次见到了耀文。

耀文是她中专时的同桌，当年朦朦胧胧、若即若离的感情给年轻的岁月留下了美好的回忆。所以，当他把电话打到她的家对她说我是耀文我要见你时，她端着药的碗“啪”地一下就掉在了地上，药渍一圈一圈地慢慢散开。

那段时间，是被她喻为鲜花一样芬芳的岁月。她心情的畅快与愉悦映在脸上，绯红的，如桃花一般灿烂。那天他端来了药，说你最近的脸色好了些，再坚持一段时日，就可以不喝药了。她没有，她终于知道爱其实才是女人美丽人生的一剂良药。她一阵风似的从他身边飘过，美丽的裙摆在风中扬起，遮住了他痛楚怜惜的眼神。

可是耀文说：傻丫头，你该好好和他生活的，他能给你最真实的幸福。

她回来了，却没想到他走了，只留了简短的一封信：原来以为我的关心能改变你的苍白，可是映在你脸上的绯红却不是我的所能，如果我连一个桃花一样灿烂的脸色都不能给你，我只能离开。

之后，她开始了一个人的生活，孤独，清冷。有一天她整理旧物，在书柜底层却发现了厚厚一本日记，上面记载的都是这么些年他为她总结的药方子。

爱情偏方，真诚十分，关心十分，加宽容若干，文火煎服。

那一刻，她清晰地看到，一滴晶莹的泪徐徐而下。

人生感悟

看似平淡如水的生活，背后却蕴藏着绝世的真情。看似一个普通的药方，却隐藏着一世的总结。

人啊，在不能够爱，没有权利爱的时候，在不经意间碰撞出的“爱”的火花，是最纯洁，最难忘的。

病床上的风花雪月

古人说：朝闻道，夕死可矣。确实是这样。人这一生，只要你在死之前能够醒悟过来，你就算没白在这世上走一回。正所谓放下屠刀立地成佛。

他们是经别人介绍认识的。

那时候，所有的知青都返城了，唯独他没什么门路，留在了北大荒。年龄也大了，于是有一个热心的大姐介绍了当地的女人给他，没见几面就把婚姻大事给定下来了。

他是典型的知识分子，心思缜密，而且写诗填词非常风雅。而她是不识几个字的农家女子，缺少了几分女性的温柔与灵动，比男人还要男人，大着嗓门和他嚷。他以为所有女人全是温柔似水的，却不知道，还有这样粗犷的女子。

于是吵，三天一小吵，五天一大吵。月月如此，年年如此。

结婚多少年，他们吵了多少年。

到后来，孩子们都习惯了他们的争吵。他们如果不吵，好像家里就少了点什么。

到后来，他提出了离婚，她坚决反对，理由是：一、我没有胡搞；二、我全心全意为了这个家，凭什么要我和你离婚？打死也不离！

婚离不成，日子还是要继续。

他选择了分居，离家出走。

因为不喜欢和她在一起，所以，在45岁办了病退之后，他总是离家出走，到全国各地旅行。只要看不到她就行，看到她心里就犯堵，他宁可一个人行走江湖。最长的时间，他有两年漂泊在外。

他是在火车上犯的病，心脏病突发，医生从他口袋里找出唯一的电话号码，是家里的电话。

那时，正是半夜，接了电话，她哇哇哭着，叫着“冤家”，跟着儿子就去了。她血压也高，可非要去。儿子说：你这不是去添乱吗？她说：添乱也要添！

到了外地的医院，她扑过去，几乎倒在他身上。

他已经昏迷，她却拉着他的手说：老头子，从今以后，我再不让你生气了，我不嚷了，你回家吧，你不能有个三长两短啊。

他的心脏坏了。她一听，吓呆了。

得换心脏。医院联系了一颗年轻的心脏，可做手术得要20多万，她哪儿来的钱？孩子还在上大学，自己的工资只有这么多，她做了一个让人意想不到的决定：卖房子！

几十年的老房子，就这样卖掉了。

而他根本不知道她卖了房子。在医院里躺着，看她进进出出地忙碌。一夜之间，她的头发一下子全白了。

当他看到她头发白了的时候，他说：你这是何苦呢？

她说：我得救你，你不能死。

临做手术前，她把他的手腕上脚腕上全拴上了红绳。她说：让老天爷保佑你，我相信你能过这一关。

做手术的时候，她跪在了手术室外面。大夫说：你这么迷信吗？她说：我只为他才迷信。

当他知道这一切时，掉泪了。

他没有想到她对他这样好，而他这20多年来对她却是冷漠的绝情的，认为她配不上他，她没有多少文化，她太男性化，她不懂风花雪月……到最后，怜他爱他的人却只有她。

她白了头发，显得更难看了，脸上有很深的皱纹。他却不嫌了。手术之后，他的脚总是凉的。于是，她每天给他按摩脚，每天3个小时，直到脚心全热乎起来。他问，臭吗？

她答：我不嫌弃你。

她就抱着他的臭脚丫子，天天按摩着。

不久之后，他终于出院了，换了年轻人的心脏，比从前更健康了。她卖了的房子，他又买了回来。

从前一直想离婚，他给自己留了个心眼，攒下了不少私房钱，现在，他全拿了出来，然后问：你怪我吗？

不怪。她说，我不怪你的，是我不够好。

让他想不到的是，这次，她居然提出了离婚。

她说：20 多年了，你不是一直想和我离婚吗，而我一直死拉活拽不离，现在看你又活了一次，在生死边缘上打了一个转，我想通了。人来一世不容易，我得成全你，咱离婚吧，你再去找个好的，我配不上你。

当她说完这话时，他一下子抱住她："老婆，哪里还有比你更配我的？这次大病让我知道，你的左手抓的是亲情，右手抓的是爱情，我两个都跑不了了；也让我明白了，什么是真正的爱情，大难来临时，那个站在你身边的女人，一定是最爱你的。"

他说：别说离婚，以后，我不许你离开我半步。

从那以后，他天天缠着她跟她去散步，两个人在夕阳下，说着话，散着步，买菜回来，他学会了擀皮，包饺子时做她的助手。她学会了煲汤，只因为他喜欢喝。

他对朋友和亲人说：从前总在寻找爱情，以为自己找到的不是爱情，其实，爱情也许就在身边。只要用心发现，总会有爱情。

从此，他对她说，我们是两棵树，紧紧依偎着，根纠缠在地下，叶相握在云里。她仍然听不懂他说什么，可是，她知道，他擀的饺子皮是最好的，因为，里面有了爱情的味道。

人生感悟

很多人都渴望经历一场轰轰烈烈的爱情，觉得那样才没有白活这一辈子，于是年轻男女梦想着，过来人追寻着，当局者更是疯狂着，留有遗憾的就用其他方式给自己做补偿。

其实，平平淡淡的爱情就是你在她身边，她很幸福，你出门去，她也不闹着不让你去或非跟着你去。平平淡淡的爱情就是两个人各自保留一片自己的天空，谁也别左右谁的方向。

人生落棋无悔

有些事，如果只能隐藏的话，那就请选择隐藏在自己内心深处吧！有些路，如果只属于你，那就请勇敢地走吧！但不要回头，人生犹如下棋，落子无悔！

准确地说，是他教她下的五子棋。

那一年，她刚在公司里崭露头角，工作做得风生水起，却突然在一次交通事故中摔伤了腿。也不重，但是需要静养三个月。她家在外地，没有人照顾。又担心休假时间太长会被老板炒鱿鱼。重重忧虑，几天的时间，人便瘦得脱了形。

想来想去，只好给他打了电话。他是她大学同窗，毕业后又都留在一个城市工作。平时有空会聚在一起喝茶聊天，是可以嬉笑怒骂的那种朋友。接到电话后，他几乎是一路狂奔来见她。看着她打了石膏的腿，他没有迟疑，马上从原来住的房子里搬出来，租了她隔壁的房间，烧水煮饭洗衣拖地，承担起了照顾她的任务。他不放心她一个人在房间里，于是叮嘱她："有事就敲墙壁，我马上过来。"他们还约好了暗号：敲一下是喝水，敲两下是拿东西，敲三下是无聊想找人下棋。他真的是随叫随到。

她被双腿所困，心情郁闷。他便从超市买来零食、影碟和时尚杂志，还有一副五子棋。他常常陪她坐在阳台上，一张围棋盘，黑白两色棋，五子连珠，进攻防守，四海纵横，渐渐地她便迷上了这种游戏。

有了五子棋，有他的陪伴，她的心情顿时明朗起来，恢复了以前任性刁蛮的脾性。一起下棋，赢了，她欢呼雀跃、手舞足蹈；输了，她便耍赖：我不小心看错了嘛，我要悔棋……这时候，他便含笑看着她撒娇，嘴里说道："丫头，落棋无悔，哪有像你这样下棋的？"却任她把棋子移回原来的位置，重新再来。

他喜欢她，从高中那会就开始了。他是个比较腼腆的男生，做了两年的同桌，考入了她报的大学，毕业后又追随她留在同一个城市，却始终没能把心中的暗恋说出口，只是默默陪在她身边，在她需要的时候，以最快的速度赶过来。

有了他的悉心照料，她恢复得很快，渐渐能下地了，也能拄着双拐走几步了，能跑到隔壁他的房间里看他做菜煲汤了。看着那么一个大男人，弯着腰在厨房里为她洗菜熬汤，难免会心动。她不是不明白他的暗恋，可她的心，是飞在天上的鸟，外面的世界那么精彩，她怎肯被一个笼子束缚了翅膀？

三个月的时间倏然而过。她已经完全恢复正常了，重新穿上高跟鞋职业装穿梭于高档写字楼。他仍然住在她隔壁，晚上煲了养颜粥给她端过来，一边喝粥，一边下棋。一不小心，就被他赢了去，她便叫着喊着撒娇悔棋，他也总微笑着任她摆弄棋局。

有一天，她带了男朋友回来，是典型的钻石王老五，可谓青年才俊，独自经营一家公司。他们碰巧在楼梯上相遇，她大大咧咧地拍他的肩，向男友介绍：我大学同学，好哥儿们。以后你胆敢欺负我，他肯定为我报仇……

他搓了搓手，尴尬地笑了。半个月以后，他跟她告别，说公司在他的家乡开了分公司，因他人熟好工作，所以派他回去，以后可能很少回来了。她怔了怔，想说些挽留的话，却终究没有说出来。

总有一些人，在他离开之后，才会清晰地感觉到他的存在。晚上下班回来，没有人熬好百合莲子红枣粥等她了，没有人听她说那些疯疯癫癫不着边际的话了。她那个青年才俊的男友，也因为性格不合，没几个月就分手了。

一天晚上，她忽然想下棋，习惯性地敲敲墙壁，敲了三下，却是一片沉寂，没有回应。这才恍然，那个陪她下棋的人，早已不在此地了。呆呆地想了想，又跑到书房里打开电脑，进入五子棋游戏，屏幕上一样是方格棋盘，黑白两色棋子。

第一局，她输了。

第二局，还是她输了。

第三局，一不留神，对方又摆好了四个子。她急忙去点击屏幕上的“悔棋”，对方回复：落棋无悔。她不甘心，又点“悔棋”，对方仍然冷冰冰地回复：落棋无悔。

她的鼠标停在屏幕上，泪水悄悄地弥漫了双眼。她终于明白，原来只有怀了深深的爱，才会包容和原谅她的过失，一次次任由她悔棋。她急急地翻出他的电话，她要告诉他：是她没留心看错了。她要悔棋，一切重来。电话打过去，却是陌生的女声：“对不起，您拨打的号码已停用……”不甘心，又找出他走的时候给她留的新公司的电话，一个睡意惺忪的声音不耐烦地回应她：“你找他啊，出车祸死了都半年了，你不知道吗？真是见鬼了……”

手中的话筒“啪”地落在地上，她终于明白，那个让她悔了无数次棋的人，从此再也不会给她悔棋的机会了。

人生如棋，人如棋子。有时需要听从别人的摆布，什么时候才能走出棋局，做一个棋手，那需要你的努力和机遇。也许，正因为有落棋无悔的规则，所以才有棋如人生的说法。又或许，不论多高明的棋家都控制不了棋局的最终结果，犹如无论多深的智者都预知不了人生，所以，人生如棋，落子不悔！

人生感悟

这就是生活，一定要把你的感受及时告诉那个你认为很特别的人，不要拖得太久。今天不向对方说，也许明天就太迟了！

生命是短暂的,因为短暂所以可贵。因为可贵所以美丽。在这里我只想说：请珍惜我们生命中的每一天，忠实于自己最初的感动，快乐地活着吧。

60 秒相守一辈子的爱情

真正的爱是在爱人的心里的，只有在心里刻上了爱人的名字，才会在一生之中用一切来赋予对方自己的爱，来表现自己的爱，来继续自己的爱。

男人和女人吃完晚饭，然后男人就会搭上车直奔机场，他要去一个遥远的城市出差，飞机是不等人的。可是他们的晚饭精致且丰富，一点也没有马虎，而且全是男人最爱吃的，全是女人做的拿手好菜。女人用了大半个下午的时间准备了一桌丰盛的海鲜。男人像鲨鱼般喜欢海鲜，可这个男人的风格，却一点也不像鲨鱼，他举止优雅、谈吐不凡，是一个优秀的男人。

男人是在傍晚登上飞机的。他对女人说：“当我走出机场会很晚的，所以我今晚就不给你打电话了，等明天早上再打。”

女人回答道：“好。”她一直站在窗口向男人挥手。接下来的半个月，男人将会在一个陌生的城市度过。

很晚了,女人早已熟睡了。忽然电话的铃声将她吵醒,她看了看床头的钟表,已是凌晨一点多了。女人爬起来,来到客厅,接起电话。她听到了一个熟悉的男声。

男人开口问:“你好吗?”挺突然的。

女人很惊讶:“还好,我已经睡下了。不是说早上再打电话过来吗?”

男人好像不放心,又追问了一句:“你真的没事吗?有没有不舒服?”

女人有些好笑,这男人怎么了,婆婆妈妈的,虽然知道他是在关心自己的,“我当然没事,睡得正香呢,你是怎么了?”

男人说:“跟你说一声,我已经到了。你不用担心。有事别忘了打电话。”然后他跟女人道了晚安,急急地将电话挂断。

女人拿着电话,愣了差不多一分钟。她想今夜男人有些不对劲。究竟哪里不对劲?一时又说不上来。

半个月后,男人从那个城市如期回来了,依然神采奕奕。可是他的肚皮上多出了一块伤疤。女人问:“怎么回事?”

他回答道:“没事,一点小伤而已。”

女人急了,于是追问不休。

男人笑了笑,说道:“告诉你,你可不要生气。那天我下了飞机在街上走,肚子突然很痛。那是从来没有过的绞痛,让我几乎昏厥。于是我一下子想到了海鲜,想到了可能是食物中毒。你知道,在我们这个海滨小城,每年都有人吃海鲜而送命。于是我给你打电话,我想到如果真的是因为那些海鲜,那么,此时的你一定也会有感觉。如果你没接电话,或者你接了但身体有什么不适,我就会直接把电话打到120急救中心,让他们马上赶到家里。后来听你的口气感觉一切正常,我就没再惊动你,放心地挂断电话。”

“感觉都那么不舒服了,你还不赶快想个办法先救自己?”女人问,“哪有那么多时间想东想西的。”

男人深情地望着女人:“再紧迫,我也要先给你打个电话。你知道,食物中毒这样的事,马虎不得的。时间就是生命。”

女人想起来了,那天,电话固执地响了好久,她才懒洋洋地起来接听。虽然她和男人只是聊了简短的几句话,可是这几句话,用去了不到一分钟的时间。

就是说，在这不到一分钟的时间里，男人其实正在忍受着巨大的疼痛。他在确信女人没有任何问题后，排除了食物中毒的可能，才挂断了电话，才开始向路人求救或者求助于当地的120急救中心。假如那天她真的食物中毒的话，那么，即使远在几千公里之外，男人也会把医护人员送到她的身边。只不过，男人会因此耽误大约60秒钟。或者说在可能的生死关头，男人把自己的60秒，毫不犹豫地送给了女人。

而这60秒，男人肯定深知，极有可能就是生与死的距离。女人不说话了，她已说不出什么话了。男人轻松地笑了笑，说："还好，只是虚惊一场，什么可怕的事都没有发生。"他又指了指肚皮上的那块疤痕，调皮地眨了下眼睛："这是急性阑尾炎留下的纪念。"

女人却笑不出来，早已湿了眼角。她抱紧了男人，她说："这60秒，是我和你相守一辈子的理由。"

人生感悟

有爱的婚姻才能结出一种叫做"幸福"的果实。在你走进婚姻殿堂之前，请想清楚，你的婚姻目的是不是幸福，如果是，就不要把婚姻当作获取权利与金钱的工具。每一个幸福的女人身边，都有一个真正的男人。只有真正爱你的男人，才会宠你疼你，才会给你带来幸福。

不小心弄伤的那根肋骨

如今，真爱的坚贞不渝，携手到老，尤其显得崇高与伟大！但从古至今，又有谁能把爱情说清楚呢，也只是朦朦胧胧，大概而已。

恋爱的时候，与所有爱撒娇的女孩子一样，她喜欢缠着他问："告诉我，这世上你最爱的人是谁？"

他总是微笑，拥紧她，轻轻地吻她的耳珠说："还用问，你呀，小傻瓜！"她心满意足，依在他怀里咯咯地笑起来。

有时候她还不肯罢休，追问着他："那么，在你心里，我是什么？"他思索了一会儿，认真地看着她的眼睛说："你是我身体里的一根肋骨。"嗯？她迷惑不解。

他笑笑说："圣经上说，创世主用六天的时间创造了天地万物，第七天创造了男人。因见男人独居太寂寞，便在他沉睡的时候，取他身上的一根肋骨，造成一个女人给他做配偶。所以说，女人是男人的骨中骨，肉中肉。每个男人都在寻找自己的那根肋骨，只有找到了她，他的胸口才不会隐隐地痛。"他握住了她的手，吻她的手心说："那么，尊敬的小姐，你愿意回我胸怀，做我的妻子吗？"她笑意盈盈地说："尊敬的先生，你肯定我是你身上的那根肋骨了吗？""当然！"他捉住她狠狠地吻下去，直到她嚷："我投降，我愿意！"

婚后，二人也曾度过好长一段甜蜜快乐的时光。只是因为年轻啊，不擅长处理婚姻中产生的矛盾与问题。现实生活的种种摩擦使感情受伤，繁忙的生活使人疲惫。琐碎的烦恼如虫蚁，慢慢吞噬所有的梦想与爱情。居家的日子越来越平淡庸俗。不知从什么时候开始，他们之间的争吵与怨恨越来越多，越来越重。

她在某次争吵后，忽然痛哭起来，不顾一切地跑出了家门。他狼狈地在后面追。隔着一条车水马龙的大街，他听见她在街对面声嘶力竭地冲他嚷："你根本不爱我！"他恨她的幼稚，伤害的话冲口而出："对，你觉得自己哪里可爱呢？也许我们结合根本就是错误，你根本不是我身上的那根肋骨！"她忽然安静了，怔怔地在马路边上站了好久。他有些后悔，但说出来的话像泼出去的水，是收不回来的。

她含着眼泪回家收拾了所有东西，执意与他分手。

她在离去前对他说："如果我不是你的肋骨，那么让我走吧，与其痛苦，不如解脱。让我们各自寻找自己真正的另一半。"分别五年。他一直没有再婚，女朋友们是有很多的，但总觉得她们少了些什么，不能让他满意。午夜梦回的黑暗中，他点起一根烟，胸口隐隐地痛。他不愿意承认是思念她的缘故。

他辗转听说她的消息，出国了，回来了，与一个外国人再婚了，又离婚了。她竟然没有等他。他愤懑地想，到底，女人永远是耐不住寂寞的。

终于重遇，在制造无数离别与重逢的机场上。他率团出国考察，临登机前，他看见她独自站在风口最大的入口处，平静地对他微笑。他胸口一热，不顾一切地往回跑，隔着一道安检门，他大声地问候她："你好吗？"她微笑着点点头："我很好，你呢？你找到自己的那根肋骨了吗？"他也微笑，摇摇头："没有！"她说："我下一班机往纽约。""我半个月后回来，回来给我电话，好吗？"他说。"你知道我的号码，什么都没有变。"她回头对他一笑，挥挥手："再见。"

再见是永远不再见吗？再见？分手了的恋人能再见吗？再见？松开的手能再合在一起吗？

他在一星期后便知悉了她的死讯。她在纽约丧生，在那场举世震惊的悲剧事件中。当时，他正弯腰拾起掉落地上的一样东西，忽然胸口一阵剧痛。他大口喘息，不由地跌坐于地上，抬头便看见电视上正反复播放那一幕举世震惊的惨剧，茶几上的电话尖锐地响了一声便停止了。

午夜，他再点起一根香烟，胸口又在隐隐地痛，他终于知道，她就是他不小心弄断的那一根肋骨！

人生感悟

爱的最高境界是经得起平淡的流年。有时幸福就像手心里的沙，握得越紧，失去得越快；有时幸福就像隔岸的花朵，隐约可见，却无法触摸。淡定了生活，就不会那么戾气、急躁了，凡事都能追求个心平气和了。事儿在心平气和中进行了，还有什么不能解决的呢？

来生，再也不爱你

他家贫，大学基本上是靠自己做家教、勤工俭学和卖血的钱念完的。

她富有，是城里的姑娘，父母是高干，家里有保姆。她第一次去乡下时，竟然认不清麦苗和韭菜。

他和她初次相见是在学校的操场上。她忽然来了"例假"，染花了白裙子却浑然不觉，还和同学有说有笑的。他看见后，脸一下子就红了，脱下自己的上衣让她围在腰间那一刻，这是她一辈子也难忘的。

之后是缠缠绵绵的三年恋爱，她试图帮助他，而他始终不肯，理由很简单：男人哪会用女孩子帮忙？

毕业时，他们本来免不了天各一方，但她死心塌地地跟着他走，家里人极力反对，她却认定这男人是她想要厮守一辈子的。

她有一只珍贵的玉镯，是母亲给她的。到了他所在的小城后，看见家徒四壁，一贫如洗，她摘下了玉镯。是的，在这样的地方哪里用得着戴玉镯啊！

不久，她怀孕了。见她反应厉害，他跑到附近的山上为她摘山杏，不料一脚踩空，从山上摔了下去。这一摔，几乎摔掉了她和他的未来。她常常这样想：如果他不去摘山杏呢？可是，这个世界上没有如果。

他竟然瘫了，家里的一切重担全压在她身上。她的父母来接她，毕竟在小城里的一生可以预见。是的，谁都能想象以后的生活会是什么样子。但这最后的机会，她仍然拒绝了。

为了给他治病，她卖掉了那只珍贵的镯子，接受了父母给的钱。到底是父母啊，看见固执的女儿这么苦、这么累，心疼了。

他们在小城过着贫苦的日子。她当中学教师，他病退在家里翻译一些书。她如今已完全没了大城市姑娘的骄傲，低下头来做一切，和小菜贩讨价还价，买廉价的衣服——与当地的女人并无二致。

大夫说她丈夫不可能再站起来了，可她还是每天坚持给他按摩，十几年如一日。她并不指望奇迹发生，只希望他的腿不再萎缩。

34 岁那年，她听说有位大夫针灸功夫好，但要翻过一座大山才能找到那位大夫。她找来一辆平板车，每两天就拉着他翻过那座山去扎针。风雪中，她弓着背，艰难地往前走。他看着她的背影，哭了："下一辈子，我再也不要遇到你，再也不爱你。因为我，你实在太苦了。"

所有人都希望来生再爱，可是他说"来生，再也不爱你"。

皇天不负苦心人，奇迹是在一年以后出现的。他的腿居然有了知觉，慢慢能走了。好事成双，他发表的论文在国际上获了大奖。之后，有许多人来找他，他也四处讲学，同时讲这十几年自己在轮椅上的生活，讲自己背后的那个女人。

谁也没有想到会有这一天，谁也没有想到柳暗花明了。

法国请他去讲学三年，他犹豫不决。她就说："去，一定要去！这是千载难逢的机会。”

这时，35 岁的她已初露沧桑的端倪，黑发里竟然有了不少的白发，眼角堆起了皱纹，衣服永远是过时的，身体稍微有些发胖，再也没有了当年的曼妙和美丽；而他，正是最好的时候。

一说起法国，我们总会不由自主地产生一种很奇特的浪漫感觉，就好像整个法国都围绕在玫瑰花当中，就好像都与一个非常浪漫的名词“左岸”相关联，与美丽的塞纳河相关联，与巴黎圣母院相关联……

有人担心他这次会一去不回，问她：“你不怕吗？”

她轻轻摇头：“不怕。”她说，他和她的爱情如果经历了这么多还这么脆弱，那就一定不是爱情。

三年后,他准时回来了,留在了首都北京。他做的第一件事就是去小城接她,但没有告诉她准确的到达时间，只是说这一两天回来，想给她惊喜。谁知他刚下火车，就看见了她。

她说：“我每天都在这里等你，凡是从北京来的车，我一辆也不会放过。”

这次，他说：“来生，我再也不会让你爱，因为你的爱让我心疼，你的爱实在太苦。”

她却说，爱情从来都是苦的，如果爱是一朵莲花，最美丽的爱一定是那清苦的莲心，一直苦到心里，然后才能有那朵美丽的莲花！

人生感悟

爱是世界上最美丽的语言，是个创造奇迹的伟大字眼。它在必要时激发成倍的勇气和力量，让人变得无所畏惧，于是艰难时刻都如尘土般不堪一击，灰飞烟灭。

爱！追爱？还是等爱？爱情与年华，谁成全了谁？谁又蹉跎了谁？“我知道那些不该说的话，让你负气流浪。想知道多年漂浮的时光，是否你也想家。如果当时吻你，当时抱你，也许结局难讲。我那么多遗憾，那么多期盼，你知道吗？我爱你，是多么清楚，多么坚固的信仰。”对，爱是一种信仰。

结婚十年，温暖依旧

“不在乎天长地久，只在乎曾经拥有。”这是当今许多人的爱情观。心目中的理想爱情就是两个相爱的人可以爱得死去活来，忘乎所以。即便不爱了，也是彼此心中刻骨铭心的回忆。年轻时候的爱情观就是这样。可是，结婚十年却改变了很多人的爱情观。

结婚那年，她 24 岁，他 28 岁。掐指数来，至今已有 10 年多了。

结婚前,她身边所有的人都反对。在很多人看来,他实在是没什么过人之处：一个普通的建筑工人，没有学历，工资不高，经济拮据，相貌平凡，现在就看不到实惠，未来也看不到发展。

他们是真正的白手起家，没有房子，没有电器，粗茶淡饭，没有世俗看重的一切。结婚 10 年多，一共搬了 7 次家，前 6 次都是住在租来的简易房子里。第 7 次，终于有了属于自己的家，他们开心极了。那时他们已在一起 8 年了，有了个 3 岁的可爱儿子。

长久以来，他们经济一直不宽裕，但不曾因为金钱而吵架。他不抽烟，不喝酒，很少下馆子，也从来不赌博，多年来一直穿着单位发的制服，却舍得给她买价值不菲的衣服和饰品，也会在冬季给她带回贵得让人舍不得吃的水果。每一次的惊喜，都会让她脸上笑容如花绽放。因为，那都是她内心期待已久的东西，从未与他提及，他却清楚地知道这一切。

有一次，她的腹部长了瘤，医生说没什么大事，她也就没太在意，他却执意要去上海的大医院检查一下。去了之后，结果是必须马上手术，而且不排除癌的可能。简直是个晴天霹雳，她头脑中一片空白，伏在他怀里，泪流满面。

当时，她才 33 岁，还有许多心愿未达成，也有很多责任未尽到，对人世有着太多的眷恋和期盼，实在是不舍得就此离开。他捧着她的脸，目光中有不容置疑的坚定，说道：“你一定会没事的。这是生活在考验我们的意志，我们一定能够闯过去。相信自己，也要相信我。”

临手术前，他一直在给她整理衣物和用具，低着头，一言不发。她看到大滴的眼泪掉在衣服上，瞬间就湿了一大片。她提着袋子，把翻涌的泪水强忍了回去，用轻松的语气说："老公，不许走远了，一定要等我出来。"说完这些，她佯装笑脸，然后转身自己向手术室走去，连头都没有回一下，一边走一边想着医生让他签字时，那只颤抖的手。那样从容的男人，却在妻子手术前如此失魂落魄，看来他真是何等在意自己的生命，何等爱自己！她一直觉得自己没看错，现在更是感觉如此。

她住院的这些日子，他瘦了一大圈，眼窝深陷，颧骨凸出。正专心致志地给她擦拭身上的汗水，看到她醒了，他脸上露出明朗而灿烂的笑容。他握住她的手，轻轻说："结果出来了，是良性的，瘤子已经完全切除了，不碍事的，一切都过去了，你好好养身体吧。"

她嗔怪着："一个大男人，竟然会哭成那个样子，也太脆弱了吧？"

他回答道："你是我这一生相依为命的人。我们曾经约定的，无论发生什么事情，都要不离不弃，生死与共。"

出院回家时,他却把她带到一个陌生的房间里。原来,他担心肿瘤是恶性的,那样就需要一大笔医疗费用，因此，从医院回来他一直在着手卖房子。就在她住院的前一天，房子已经卖出去了。

这个执著的男人，就这样一直用他自己的方式宠爱着她，让她感动一生一世。

结婚十年，青春不再，但情未灭心未老。结婚十年，它让一个不安分的男人的心归附平静，它让一个爱玩的女人甘心奉献自己的青春和美貌。这一切的一切当然需要男人的忍让、女人的体贴，而最重要的是博大而深沉的爱。

人生感悟

有人说过："婚姻如果不落实在穿衣，吃饭、数钱、睡觉这些实实在在的生活中去，是不容易天长地久的。"走进围城，你也许会觉得这时已经缺少了缠绵悱恻，也难得朝朝暮暮。生活如同白开水一样平淡无味。

其实，你忽视了世界上任何事物都有由新变旧的特性。婚姻不是空中楼阁，却像大地般的实在，柴米油盐是婚姻，实在就是婚姻。有道是："要想修得神仙眷侣，就要做得柴米夫妻。"

弱水三千，只取一瓢饮

佛祖在菩提树下问一人："在世俗的眼中，你有钱、有势、有一个疼爱自己的妻子，你为什么还不快乐呢？"

此人答曰："正因为如此，我才不知道该如何取舍。"

佛祖笑笑说："我给你讲一个故事吧。某日，一游客就要因口渴而死，我甚为怜悯，置一湖于此人面前，但此人滴水未进。我好生奇怪，问之原因。答曰：湖水甚多，而我的肚子又这么小，既然一口气不能将它喝完，那么不如一口都不喝。"

讲到这里，佛祖露出了灿烂的笑容，对那个不开心的人说："你记住，你在一生中可能会遇到很多美好的东西，但只要用心好好把握住其中的一样就足够了。弱水有三千，只需取一瓢饮。"

我们无法体会"十年修得同船渡，百年修得共枕眠"是怎样的一种漫长，但我们要相信：爱，不仅需要苦寻，更需要守候。

真正的爱情，需要两个人用一生固守。滚滚红尘中，两颗心互动、磨合，从最初的惊鸿一瞥到最终的浑然一体，这也是两个灵魂不断纠缠于吸引和排斥、疏离和亲近的过程。这是一个非但不轻松而且可以说非常艰辛、漫长的过程。

芸芸众生，乱花迷眼。几经沧桑，几多变迁之后，多少人为故人饮泣，为旧景欷歔。可你要坚信：不懂爱的人，才会把爱当作野火烧不尽、春风吹又生的草。爱其实柔韧如丝，利刃难断，却禁不起滴水浸蚀。真的，爱这个字，请你尽乎吝惜地锁进心灵深处。为了它唯美的归宿，又何妨众里寻她千百度？弱水三千，只取一瓢饮。娇玫万朵，独摘一枝怜。这，才是完整人格对爱本质的切肤认知，对爱内涵的深度诠释。

在基督教的教义里，爱是恒久忍耐，又有恩慈，爱是不嫉妒，爱是不自夸不张狂，不做害羞的事。不求自己的益处，不轻易发怒，不计算人家的恶，不喜欢不义，只喜欢真理，凡事包容，凡事相信，凡事盼望，凡事忍耐，爱是永不止息……

在真爱的心灵里，永远没有分手的理由。为爱可以沧海桑田，为爱可以凤凰涅槃，只为和爱人，共拥匆匆几十载的——天长地久。

是的，不在乎天长地久，只在乎曾经拥有！一壶好酒，数碟时令小菜，与三五家人或知己挚友，围坐在石桌旁，把酒问青天，岂不是人生一大快事？然而这份惬意，世间又有几人能共享？

曾经听说过这样一个故事：一个挺漂亮的女孩，爱上了一个男孩。于是很自然地，女孩开始了人生的初恋。女孩可人的样貌和清雅的气质，使男孩深深心仪，他希望和女孩终生相守。可是女孩却拒绝了："你是我第一个男朋友，谁知道我以后会不会遇到比你更好的。这样吧，一年以后再说吧，如果我们真有缘，自然还会相逢。"

男孩听了很伤感，但他没有因失恋而失志，而是从此奋发图强。一年后，由于他业绩骄人，已从一名普通的办事员升为部门经理。此时，男孩接到女孩的电话："在这一年里，我见过不少男孩，还是觉得你最好，我们结婚吧。""真对不起，我已经和另一个女孩子拍拖了。"男孩平静地说。

有些精明的人总喜欢抱着"骑牛找马"的心态去恋爱。眼前拥有的不珍惜，结果最理想的人永远高不可攀。

有一个爱情寓言是这样说的：

我每天蹲在树桩下，等待一只叫"爱情"的兔子。据说，有人曾在这里见过她。

树渐渐地长高，从枝繁叶茂到肃杀凋零，我痴心不改。

一只叫"忠诚"的狗路过，我们下棋，然后她走了；

一只叫"纯情"的鹿路过，我们一起聊天，然后她走了；

一只叫"快乐"的鸭子路过，和我跳舞，然后她也走了；

还有一只叫"浪漫"的雪雁，一只叫"诱惑"的狐狸，一只叫"温柔"的小猫，她们和我说过话，路过又离开。

我依旧在等待那只叫"爱情"的兔子，可是她总也不来。

终于有一天，一只叫"希望"的松鼠带来了"爱情"的消息。

他说，"爱情"早已来过很多次了。

我说，没有啊！我一直在等她。

松鼠说，当你和"忠诚"、"纯情"、"快乐"、"浪漫"、"诱惑"、"温柔"说话时，

“爱情”也在旁边，但你没有看见。

人的一生其实要求的东西并不多，一杯水、一碗饭、一句“我爱你”足矣！如果可以多做一次选择的话，我希望水是你端的，饭是你煮的，我爱你是你说的，就这样过日子，多好！

人生感悟

专注于某一件事情，尽力把它做到无可挑剔，心无旁骛，这样才能离成功最近。对事业如此，对感情亦应如此。只有专注，你才能收获美好的爱情。

1度的温暖，100度的爱情

婚姻对于我们，往往是这样：当我们有激情有时间去谈情说爱的时候，我们总是觉得自己太年轻太冲动太没经验，以至于常常怀疑自己爱情的质量。而当我们不再年轻不再冲动自认为拥有了足够的经验的时候，我们又错过了爱的季节。

刚结婚时，他是个穷小子，没什么钱，带着她租住在破旧的老房子里。她从北方城市来，习惯了北方冬天房子里的暖气，随他来到这里，房间冰冷，没有暖气，四处漏风，没几日，便大病一场。他守在她的病床前，心疼得说不出话来。

她病好后，他就习惯了每天晚上睡觉前为她端来洗脚水，热腾腾地冒着水汽，然后拉着她的脚放在水里，帮她洗着搓着，小心翼翼地，好像洗的并不是脚，而是一件极其珍贵的瓷器。为她洗好擦干后，他自己再脱掉袜子，把脚放进已经有些凉的水里，嘴里欷欷歔歔地说，这水可真热啊。

即便是在冬天，她每周仍坚持洗两次澡，周四和周日。他也跟着养成了这个习惯，并且每次他都执意要先洗，洗好了再叫她去浴室。有一天，她想快快洗完澡后去看电视剧，于是对他说：今天我要先洗澡。他摇头，说道：不行，我先洗。她以为他在开玩笑，一边向浴室走去一边撒娇着说：不，我要先洗，洗好了可以看电视。他却一步冲上来，拉住她，一脸严肃：我说过我先洗！说完，转身进了浴室。然后她便听见浴室里哗哗的水声。

也许生活的艰难磨去了他的绅士风度，改变了他们的相敬如宾，更削减了他对她的爱恋。

他从没有在任何一件事情上不迁就着她，唯独这次，为了洗澡这种微不足道的小事情。她站在浴室外，听着流水声，委屈得哭了起来。她赌气要回家，并收拾了衣服。他苦苦求她。她坚决要离开他，她说：连这么点小事都不迁就我，还算什么好丈夫。

最后还是哄好了她，他许诺下次任何事情都让着她，不再同她争。可是，她的气渐渐消了后，他依旧是先她一步洗澡，她便也不与他计较，忘记了谁先谁后的诺言。

就这样，时间从寒冷的冬季过渡到了炎热的夏季，房子热得像蒸笼一样，即使坐在那里不动也会出一身汗。不再需要泡脚，但每晚都要洗一次澡。他反倒磨蹭起来，不是说自己要看足球，就是说自己要看新闻，总是让她先洗，跟以前完全颠倒了顺序，现在几乎每天都是她先洗，然后才是他。

后来，他的弟弟准备结婚，买了房子，同样没有暖气，让哥哥嫂子去新房子看看。他首先进了浴室，左右看了看，对弟弟说：新房就是比老房子好，没有暖气也不会漏气，不过你要记住，女人怕受凉，冬天洗澡，你要先洗，洗过以后，浴室的温度就会上升，我试过了，起码也能上升一度呢！弟弟笑着说：哥，你可真细心，那夏天呢？夏天是不是一定要让她先洗，这样会比后洗的人凉快一度？他拍着弟弟的肩，点点头。

他本以为正在参观厨房的她没有听到，其实她听得一清二楚，听得泪流满面。她想呀，自己太笨了，这么多年，从老房子搬到新房子，从没暖气到有暖气，他一直保持着这个习惯，她竟然从未认真揣摩过其中的真正用意。

当晚，她第一次为他端了洗脚水。有了新房子后，洗脚的习惯反而因为每天洗澡而忽略了。他拗不过她，只好把脚放在热水里，她为他洗着搓着。那脚板上满是硬硬的茧，她眼底渐渐潮湿，他走过多少路，受过多少累，才给了她如今这个温暖的家啊，而她自己，竟然从未为他洗过一次脚。

她抬起头时，他只笑着说了一句：原来，媳妇给洗脚这么舒服啊！

她一下子就哭了。

他洗过后，她学着他当年的样子，脱了袜子，把脚放在水中，却发现，水早已凉了。原来，一个人洗过后的水，第二个人洗时，是凉的，而非仍然热着。

她没有说出来，也没有刻意去改变那个先洗后洗的顺序，因为她知道，这是他以自己的方式所给予她的爱，实实在在的爱。冬天为她增一度，夏天为她减一度，只是一度温暖，却是一百度爱情……

人生感悟

成熟的感情都需要付出时间去等待它的果实，但是我们一直欠缺耐心。有谁会用10年的时间去等一个远行的人？有谁会在10年的远行之后，依然想回头找到那个人？有些爱情因为太急于要得到它的功利，无法被证明，于是显得很单薄。

不要束缚，不要缠绕，不要占有，不要渴望从对方的身上挖掘到意义，那是注定要落空的东西。而应该是，我们两个人，并排站在一起，看看这个落寞的人间。

那个虫咬的苹果叫爱情

没有一颗追悔的心，能逃脱良心的追捕。真正的宽恕和轻松必须来自婚姻中的另一方，只有对方才有这样的力量把你从矜持的深渊里拽出来。如果你在婚前有难堪的性史，或在婚后有偶尔的出轨，他们让你灵魂不得安宁，那向爱人袒露一切，不论结果如何都是一种灵魂的解脱。

他和她是同学，也是一对恩爱恋人，是让同学们很羡慕的一对儿。他们很相爱，那时候他很穷，手上也没几个钱。她最爱吃苹果，他就跑到市场上给她买让虫咬的苹果，被虫咬的苹果相对来说比较便宜。苹果上可以看到虫子咬过的小窟窿，像长满了可爱的小眼睛。其实他也想买好的，但好的太贵了。

当他把让虫咬的苹果送到她跟前的时候，她起初很生气，认为他也太小气了，买这么孬的苹果，让她在同学们面前很没有面子。他笑着说，带虫眼的苹果其实更好，说明没打农药。说着，就拿把水果刀把那些虫眼全部仔细地挖剜掉。然后，他开始削苹果皮，削得很认真很执著。她看得愣住了，因为他竟然能把苹果皮削得很长，薄得像纸片，一直削到最后都没断开。当他把一个削好的苹果递给她时，根本就看不出来苹果让虫咬过，苹果都像脱了一层外衣一样。

后来，她渐渐地迷恋上了让他削苹果，因为她喜欢看他削苹果的样子，像是在制作一件艺术品。一次学校搞文艺活动，他给同学们表演了削苹果。当他把一条薄薄长长的苹果皮拉开的时候，全场同学都惊愣住了。同学们向他提出疑问，为什么能把一个苹果削得这么好？他简单地回答："用心和爱去削。"全场同学立即爆发出热烈的掌声。

后来，他们顺利毕业了。两人为了留在这座美丽的城市里，拼命地找工作，很快都找到了合适的工作。那时候他在为事业拼搏，很劳累很繁忙，陪她的时间自然就少了，只有晚上才有机会聚在租来的小屋里。晚上，他总是一头就躺在了床上，很疲惫的样子。她让他削个苹果，他苦笑着说："我明天还要上班呢！睡吧！"她感觉他不怎么爱她了，就常常回忆起大学的时光，回忆起他给她削苹果的情景。她有了一种空荡荡的感觉，怪怪的。

他很快在公司里发展起来，每天都有很多的业务，日子过得忙忙碌碌。有时他也出差，去很远的城市，一连四五天都不回来。他不在的日子，她忽然有点寂寞和失落。这个时候，她的上司走近了她。上司是一个成熟稳重的成功男士，他的魅力把她深深吸引住了。上司常常给她买很多的苹果，都是非常好的那种红富士，没有虫眼，皮很光滑，也不需要削。她感动了，终于在一次偶然的机会，她出轨了。事后，她感觉自己对不起他，懊悔不已，恨自己不该这么冲动。

他出差回来，她把自己的不忠告诉了他。她想好了，他要是不肯原谅她，就和他好合好散，因为她不想再欺骗他的感情。他知道了这件事情，沉默了半晌说："我给你削个苹果吧！"他拿了一个满是虫眼的苹果开始削，先仔细地把虫眼一个个剜去，然后开始削皮。她看着他削苹果，想到了初恋，想到了校园，想到了和他在一起的美好日子。更让她想不到的是，他给苹果削皮依然是那么熟练那么专注，当他把一个削好的苹果递给她时，说："我们不能因为苹果有了一个小小的虫眼，就把它扔掉，那样的话，就太可惜了啊！一个果实毕竟经历了开花、授粉，才有了这个果实，不容易！我们尽快削掉虫眼，依然可以吃。”

她流泪了，她知道，这个带虫眼的苹果就是他们的爱情。

人生感悟

生活总是平淡的，爱情不可能是完美的。回头是岸，重要的是学会珍惜。婚姻是什么呢？两只孤独的鸟，建一个巢，为的是躲避风雨。如果一方不经心，风雨就会来得格外的猛。

一生一世，无论快乐还是痛苦，都是爱我们的人所带来的，成熟、责任、背叛，婚姻包含的内容实在太多，哪里是爱情两个字就能穷尽的呢？

空瓶子，空爱情

真正的爱是在爱人的心里的，只有在心里刻上了爱人的名字，才会在一生之中用一切来赋予对方自己的爱，来表现自己的爱，来继续自己的爱。

爱是需要经营的，爱是需要互相理解的，爱是需要彻底的包容的，爱是需要用生命来面对的，爱是要经得起一切考验的。世界上没有完美的爱，没有完美的爱人，没有不红脸的夫妻，却有很多幸福的爱情、幸福的婚姻，也还有很多会经营自己的爱的人。

那是她的初恋，寒酸而富有，寒酸的是他们一无所有，两个穷学生只能在开满了樱花的马路上整夜地走，情人节也只能在下午买那种打折的玫瑰送给她，但她很快乐，因为爱情是富有的，装在心中，满满的，像一瓶水一样。

他挣到第一笔钱的时候，给她买了一瓶法国香水，因为同宿舍的女孩子，只有她没有香水。为了让她也有暗香浮动，他用整整一个月的家教工资给她买了一瓶法国香水。

她感动得落下泪来，却舍不得用，难得他有这份心，就只为那好看的玫瑰花造型的瓶子,她也舍不得。可谁能想到,后来他们却分手了。爱情总是这样吧，刚开始以为生生死死，以为分开一分钟都会想念得不行。其实，冷了的时候就是那肉菜上漂着的油，怎么看都感觉腻，因为情没了，感情再深也终究会形同陌路。

那瓶香水，她一直保留着，是个爱的纪念吧。她想，多年以后再看，一定别有一番滋味。

多年后，她已为人妻为人母，早已忘记了自己曾有一瓶这样的香水。老公常常会买正宗的法国香水给她，只是用香水时会偶尔想起他，但只是一闪念，像微风吹过，瞬间没了踪影。以后想起的时候越来越少，到最后，他的影子淡在了老公和孩子之后，甚至想不起年轻时他的面容。

一次整理旧物时，她无意中看到了那瓶香水，看到瓶子的那一刻她呆住了，因为只剩了一个空瓶子，里面什么都没有了。所有的香水全部不见了，它们在十年中飞散了，没有留下任何痕迹。

她一直没有舍得去用的那些香水一滴也没有剩，全部挥发了。看着那个空瓶子，她的眼睛酸酸的，这多像她的初恋啊，徒有虚名，以为爱得轰轰烈烈，以为会找到爱情的归宿，最后却是无功而返，当时只顾着去爱了，却根本不知道怎么样去爱。就像这瓶香水，只落得了一个瓶子——空瓶子，装满的是空虚和记忆，甚至，她早就忘记了香水到底是什么味道，因为再刻骨铭心的记忆也经不起时间的打磨。

终于有一天遇到了他，在一个人声鼎沸的大商场里，他领着一个小女孩，旁边是他太太在挑衣服。她看了他许久，终于擦肩而过，因为她知道，他和她的爱情只有那么浅，浅到只能剩下一个空瓶子，甚至，连最初的味道都不曾记得。

年轻时不懂得经营爱情，到年老了再去追忆，那只能徒增烦恼。

人生感悟

不管是面对爱情，还是现实生活，人都应该懂得去经营，用心去呵护。婚姻是爱情的归宿和表现形式，爱情却是婚姻的基础，有了这个基础，我们就要去维护。临别时的一个吻，温馨的一句“我爱你”，情人节的一束玫瑰，爱人生日时的一份烛光晚餐，都是可以让平淡转化为浪漫，是可以让爱情保鲜的。

爱情鸡汤

人生是一场旅行，幸福不是你要到达的终点，而是一种旅行的态度。

参加婚礼时，我们评价新郎新娘，无一例外会看两家的条件相不相称，是不是门当户对的。他家是干什么的呀，她家是干什么的呀。假如新郎家比新娘家条件好得多，大家觉得理所当然。但假如新娘家比新郎家条件好很多，大家就会对他们的结合感到非常好奇，有时候免不了会说三道四。

这一对是有明显落差的。新郎家在偏远农村，因为父亲去世得早，家里穷得叮当响，只有母亲和大哥。新娘家父母都是国家公务员，父亲还是个局长。新郎的相貌也很普通，个子不高，也不算帅；新娘却长得很漂亮，五官端正，脸上还有一颗美人痣。

新郎和新娘几年前曾经在电脑城打工。新娘平常身体不太好，贫血，头经常发晕，有一次还晕倒了。新郎的表哥是做建材生意的。新郎家养了很多土鸡，他要经常进城拉货的表哥每次带几只来。表哥每次带 5 只，总共带了 60 只。

新郎在自己的住处为新娘炖鸡汤，炖好后带到电脑城。第一次带到电脑城，他放在微波炉里热时还在鸡汤里放了挂面，鸡汤热了，香味飘满了整个电脑城。其他商户的人也闻着香味来了。他们围着站在新娘旁边，盯着她喝第一口鸡汤，吃煮成疙瘩的面条，问她什么滋味，新娘说："幸福！"那时，新郎还不是她的男朋友。

新娘回家后告诉了妈妈。妈妈叹口气说：真难得，对他好一点。

后来，他们走到了一起。婚礼上，新郎在拱门边向新娘单膝下跪，才说出："亲爱的老婆，我爱你。嫁给我吧！"新娘就"咯咯"地笑出了声音。新郎又说了一遍，新娘慌忙用手拉起他说："我受不了你了，快起来。"新郎起来，新娘竟弯腰用手轻拂了两下他的膝盖。

电脑城来了好多人。主婚人是新郎公司老总。他说："新郎和新娘是一对朴实的人，他们两个人的爱情是在工作劳动中建立的，是朴素纯洁的爱情。作为朋友和同事，有幸见证了他俩的爱情从萌芽到开花结果。什么是爱情？鸡汤就是爱情！ 60只土鸡就是爱情！试问在座的有哪位帮老婆老公煮过60只土鸡？”

新娘后来不在电脑城了，她考上了公务员。常常有人说：“新郎条件这么差，新娘条件这么好……”言外之意两人落差有点大。落差是有，但只有外人才看到。对于熟悉他们的人，看到的只有爱。

人生感悟

幸福，就是找一个温暖的人过一辈子：珍惜爱你的人，珍惜在你身边一直保护你，一直把你当宝贝的人。那个人真的很珍贵。他在你身边的时候，你并不知道你真的那么爱他，有时候会觉得缺少激情，但当再没有人在你身边唠叨，没有人管你，没有人在乎你的病痛时，突然发现，失去了那个自己其实一直最爱的人。

爱的72级台阶

用心去爱一个人，换个方式去爱一个人，那么阳光生活就会离我们很近，也很温暖。世间最经典、最浪漫、最深情不渝的情话永远来自生活，来自真心。只要你愿意相信爱情，幸福就会永驻心中。全心全意去爱一个人，就拥有了全世界最大的幸福。

六层楼，正好72级台阶。几乎是每天，男人都要往返数次，背着女人，或者扛着女人的轮椅。男人并不是那种壮汉，他戴着近视眼镜，文质彬彬，身形瘦弱。他的后背始终是湿的，他的脸上亮晶晶一片。

女人在一年多前遭遇了一场突如其来的意外。她低头正往前走，心里在盘算着什么事情，一辆急速行驶的货车就冲了过来。女人清晰地听到骨头被折断的声音，然后，人就昏迷过去了，一无所知。醒来已是第三天的中午了，外面是艳阳高照，男人守在她的病床边，紧握着她的手。他欣喜地说：你醒过来了，你终于醒过来了！

女人拼命挣扎着扭动自己的身体，却无比惊恐和悲凉地发现，她的腰部以下，竟然毫无知觉，任她怎么捶打都是毫无知觉。她悲伤地落下了泪水。

两个多月以后，男人把女人接回家。女人默默地坐在了轮椅上，面无表情。两个多月来她几乎是哭干了眼泪，以前那么修长圆润、令人羡慕的腿，怎么会在转瞬之间，变成为两段毫无知觉的朽木？可是他们的好日子才刚刚开始啊！就在出事以前的一个月，男人付了首笔购房款，买下全新的两室一厅。多年以来，他们两人一直租住在地下室里，他们早就计划买一套房子。

没搬进去的时候，听男人说，他们购买的是六楼，最高层，没有电梯。女人一听就来了脾气，说道：现在我这个样子，六楼怎么行呢？男人说：不怕，我可以背你上下。女人更急了，说道：你为什么不买一楼呢？一楼，轮椅可以直接进出。男人笑着说：难道你还想一辈子坐轮椅不成？……六楼有什么不好呢？空气好，光线好，还不吵，等你腿好了，还可以锻炼我们的身体……女人开始沉默了。她当然不希望自己坐一辈子的轮椅，可是她对自己，对自己的腿，好像并没有太大的信心。

每天黄昏，男人都要推女人去小区花园里散步。他把女人的轮椅从六楼扛下来，放好之后，再返身上楼，将女人小心翼翼地从六楼背下来。然后，他一边推着他的女人，一边同女人轻声地交谈。落日余晖给两人镶上淡淡的金色轮廓，女人的脸上，盈满幸福和感恩。回家时，男人则先把女人背上六楼，然后返身下来，扛回女人的轮椅。这时候，每上一级台阶对男人来说都是困难的，可是他那张脸，分明是笑着。“生活已经给我们太多的磨难，没有必要再跟自己过不去。”男人这样说。

只要没有特殊情况，黄昏时，男人和女人，必会准时出现在花园里。甚至，那一天，天空中飘洒了濛濛细雨，他们仍然撑了伞，有说有笑地在小区花园里散步。伞开得鲜艳而热烈，就像小雨里一朵骄傲的玫瑰花。

他们出来散步，并不仅仅是为散心。细心的邻居注意到：每一天，临回去以前，女人都会小心地扶着男人，艰难地练习走路。她练习走路的样子很丑陋、很笨拙，可是她在认真地努力。六层楼，72级台阶，女人渴望自己有一天，可以不必伏在男人的后背，一个人高高兴兴地走上去。

可是邻居知道，最初，男人并没有买到六楼的那套房子。那套房子已经被售楼公司卖给了这位邻居，整栋住宅楼只剩下一楼的一套住宅。可是男人找到了邻居，商量将他们的楼层对调一下。男人说他可以多加些钱，男人还对他说：我确实需要六楼。

邻居大为不解。既然女人已经坐上了轮椅，那么男人应该选择一楼才对啊。怎么会看上六楼呢？

“假如我们住到一楼，我妻子也许会对自己失去希望的。”男人说，“她会以为自己真的从此站不起来。”其实，她的男人已经为了她，买下了没有障碍的房子。

“但是，你相信她会站起来吗？”邻居反问道。

“我当然相信。”男人说，“六楼会给她信心……我会告诉她，之所以买下六层，是因为，当你的腿好了，当我们年岁大些的时候，爬爬楼梯就等于锻炼了身体。”停顿了一会儿之后，男人接着说，“即使她真的永远站不起来，我也不会后悔。我愿意一辈子背着她，上楼，下楼，上楼，下楼……为了她心中仅存的一点希望，我认为这一切都是值得的。”

两年以后，出乎意料地，女人真的可以一个人站起来了，真是奇迹啊。那天，她终于鼓足了勇气，拄着双拐，一步一步往楼梯上爬。她拒绝了所有人的帮助，她说：我可以……为了我的丈夫，我一定可以。当她终于独自爬完这72级台阶时，她与男人站在自家门前，紧紧相拥，喜极而泣。

邻居不知道这是医学的奇迹还是爱情的奇迹。可是他，宁愿相信后者。这爱情的奇迹，让一切皆有可能。

人生感悟

爱情的力量可大可小，有的时候小到一句误会的话都解不开。有的时候可以大到让我们去做任何的事情，甚至是做到我们做不到的事情！

有人说：“爱情是甜蜜的，爱情是高尚的，爱情是无价的。”这毫无疑问是正确的，然而要达到爱情的甜蜜、高尚、无价，道路是曲折的。要达到爱情目的地，渡到美满爱情的彼岸，达到幸福爱情的顶峰，必须有一种神奇的力量。

这种力量是什么呢？就是以淡定的心态保持对爱情的信仰。

【辑三】
如果爱，请深爱

最经典、最浪漫、最深情不渝的情话永远来自淡定的生活，来自不悔的真心。只要你愿意相信爱情，幸福就会永驻心中。全心全意去爱一个人，就拥有了全世界最大的幸福。

死生契阔，与子相悦。执子之手，与子偕老。“爱是恒久忍耐，又有恩慈；……凡事包容，凡事相信，凡事盼望，凡事忍耐；爱是永不止息。”

给爱情一颗淡定的心

现代人的爱情已经充满了浮躁和刻意，或许已经不再只是两颗心之间淡淡的吸引和深深的眷恋，而掺杂了太多物质和功利的东西，这样的爱情似乎已不再纯粹，如昙花一现便迅即枯萎。

真正的爱情有着一种细致的美。一份爱情有一颗温婉的心，才会有面对山高水远和悲欢离合的勇气。

有那么一对情侣，女孩很漂亮，非常善解人意，偶尔时不时出些坏点子耍耍男孩。男孩很聪明，也很懂事，最主要的一点，幽默感很强，总能在两个人相处中找到可以逗女孩发笑的方式。女孩很喜欢男孩这种乐天派的心情。

他们一直相处得不错，女孩对男孩的感觉淡淡的，说男孩像自己的亲人。

男孩对女孩爱得甚深，非常非常在乎她，所以每当吵架的时候，男孩都会说是自己不好，自己的错，即使有时候真的不怪他的时候，他也这么说。他不想让女孩生气。

就这样过了 5 年，男孩仍然非常爱女孩，像当初一样。

有一个周末，女孩出门办事，男孩本来打算去找女孩，但是一听说她有事，就打消了这个念头。他在家里待了一天,他没有联系女孩。他觉得女孩一直在忙，自己不好去打扰她。

谁知女孩在忙的时候，还想着男孩，可是一天没有接到男孩的消息，她很生气。晚上回家后，发了条信息给男孩，话说得很重，甚至提到了分手。当时是晚上 12 点。

男孩心急如焚，打女孩手机，连续打了 3 次，都被挂断了。男孩往女孩家里打电话，但没人接。男孩猜想是女孩把电话线拔了。男孩抓起衣服就出门了，他要去女孩家，当时是 12 点 25 分。

女孩在 12 点 40 分的时候又接到了男孩的电话，用手机打来的，她又给挂断了。

一夜无话。男孩没有再给女孩打电话。

第二天，女孩接到男孩母亲的电话，电话那边声泪俱下。男孩昨晚出了车祸。警方说是车速过快导致刹车不急，撞到了一辆坏在半路的大货车上。救护车赶到的时候，人已经不行了。

女孩心痛到哭不出来，可是再后悔也没有用了。她只能从点滴的回忆中来怀念男孩带给她的欢乐和幸福。

女孩强忍悲痛来到了事故车停车场，她想看看男孩待过的最后的地方。车已经撞得完全不成样子。方向盘上，仪表盘上，还沾有男孩的血迹。

男孩的母亲把男孩当时身上的遗物给了女孩，钱包，还有那部沾满了男孩鲜血的手机。女孩翻开钱包，里面有她的照片，血渍浸透了大半张。

当女孩拿起男孩的手表的时候，赫然发现，手表的指针停在12点35分附近。

女孩瞬间明白了，男孩在出事后还用最后一丝力气给她打电话，而她自己却因为还在赌气没有接。男孩再也没有力气去拨第二遍电话了，他带着对女孩的无限眷恋和内疚走了。

女孩永远不知道，男孩想和她说的最后一句话是什么。女孩也明白，不会再有人会比这个男孩更爱她了！

下面这个故事中，主人公从日常砸核桃这一生活细节中，也收获到了爱情启悟。作者写道：

有一次，到乡下的亲属家去，获赠一箱山核桃。闲来无事，掂起个小锤，砸核桃。

"当"的一锤下去，用力不是"过"，就是"不及"。力量用得过了，核桃仁烂在了锤下，便惩罚自己将那核桃渣一点点地捏起来吃掉，只将比较成型的大块放进一个玻璃碗内；力量用得不及的时候，核桃岿然不动，便忍不住往腕子上注入些狠劲，一锤下去，核桃竟又惨遭碎尸命运。就这样，砸一小碗核桃仁，吃下几乎多半碗的碎渣，恶心的人再懒得去寻思究竟将这一碗核桃仁派什么用场。

某日逛菜市场的时候，留神儿到一个小摊上赫然摆放着人脑般完好无损的核桃仁。心下十分纳罕。买茄子黄瓜西红柿的时候便有些心不在焉，拼命地揣想那核桃仁到底是怎样的一双超级巧手砸出来的？手，在意念上又无数次地重复那难得要领的砸核桃的技艺。一时间，真像是中了"核桃魔"。

回到家中，又挑战般地拉开了架势准备砸核桃。先生问：上次砸的还没有吃掉，怎么又要砸？回答说这是我的使命，休要管！

又开始体验失败。

又将吃到恶心。

但是，慢慢地，我锤下的碎渣少了起来，竟也收获了许多一分为二的超大型核桃仁。越砸越爱砸，越砸越想砸。总是想将最美好的希望寄予下一个核桃，梦想着对自我最彻底的超越。锤子上的力量柔中有刚，绵里藏针。举得高时，落下来便巧妙地抽取一些猛劲；举得低时，自知锤下的核桃难以就范，便在锤面接触核桃的瞬间往指尖上用了些刚劲。思索着，斟酌着，权衡着，把持着，匡正着——哇！咱居然也砸出了浑如人脑的、完好无损、尽善尽美的核桃仁啦！

突然想到爱情，竟和砸核桃有那么多的相似之处！憨拙的心，总梦想赢得最完满的一颗“人脑”，但爱的“生手”往往操作不好情的锤子，不是轻了，就是重了，不是深了，就是浅了。爱的“副产品”比核桃渣更琐屑、更倒人胃口。

一地鸡毛式的痛苦如影随形地跟定了你，让你难以抽身。在淡定中学会爱吧，一如在砸核桃中学会砸核桃。既不轻言放弃，也不怨天尤人。让锤子与核桃在厮磨中参透爱的玄机——擒与纵的巧妙，即与离的技艺，刚柔之间的尺度把握，无过无不及的火候掌控……

这些真的可以救赎一个核桃，也可以救赎一段爱情。

爱情和婚姻就是这样，除了爱恋还要包容，更要掌握爱的技巧。

英国维多利亚女王和丈夫生活中的一件小事就能说明这一点。

阿尔倍托和妻子维多利亚女王感情和谐，但是也有不愉快的时候，原因就在于妻子是女王的缘故。

有一天晚上，皇宫举行盛大宴会，女王忙于接见贵族王公，却把她的丈夫冷落在一边。阿尔倍托很是生气，就悄悄回到卧室去了。不久，有人敲门，阿尔倍托很冷静地问：“谁？”敲门的人昂然答道：“我是女王。”

门没有开，房间里没有一点儿动静。女王离开了，但她走了几步，又回过头，再去敲门。阿尔倍托又问：“谁？”女王和气地说：“维多利亚。”

可是门依然紧闭。维多利亚气极了，想不到以英国女王之尊，竟然还敲不开一扇门。她带着愤愤的心情走开了，可走了一半，想想还是要回去，于是又重新敲门。阿尔倍托仍然冷静地问：“谁？”女王委婉温和地说：“你的妻子。”

这一次，门开了。

真正相爱的人，应该在互相信赖且毫无保留的平等中生活。让每个人保持平等，真正的平等才会使双方的爱更加美好。

人生感悟

给爱情一颗淡定的心，在岁月的流逝中细细地体会心中的爱情，只需淡淡地面对，静静地渗入彼此的生命，那份温暖也许才有机会永恒。

相爱的人，携手走过生命的长途。回眸时，唯愿你能甜蜜地说，已经百炼成钢、淡定从容。

爱是恒久忍耐

爱情和情歌一样，最高境界是余音袅袅。最凄美的不是报仇雪恨，而是遗憾。最好的爱情，必然有遗憾。那遗憾化作余音袅袅，长留心上。最凄美的爱，不必呼天抢地，只是相顾无言。

薛晨至今依然清楚地记得，他是怎样遇见那个泼辣的姑娘。他刚陪女朋友购物出来，满手大包小包，走到公交车站，下意识掏出烟来抽。一眼就看到她，个子很高，靠在站牌的栏杆上，背着一个很大的书包。人很苗条，裹着大衣，帽子下面的耳塞在路灯下一闪一闪的。

她发觉有人在盯着她看，于是扫了一眼他身后的女朋友，然后对他微笑。她走过来的时候，薛晨的心跳速度突然加快，那时候紧张得要命。走到他面前，她笑，嘴巴笑起来很大，一个深酒窝。她说，借个火。

薛晨连忙掏出打火机，她接过，利索地点着手中的烟，优雅地吐了烟圈。她还他打火机，说谢了。然后转身走到刚才站的地方，冲他挤眉弄眼。女朋友在身后拉他，薛晨才收回迷恋的目光，深深地吸了一口气，脸微微有些发烫。

薛晨在学校一直是那种受欢迎的大男生，瘦高，却健壮。每日必去的两个地方：一个是篮球场，一个是健身房。大学四年，换了两个女朋友。一个可爱，一个漂亮，她们都很小鸟依人。假如他没有邂逅那个女孩，薛晨想，是不是，他就这样过了一生。

（一）

每年到元旦晚会的时候，金融学院总是最发愁的。本来女生就不多，而且性格又偏于呆板。薛晨更是一筹莫展，身为学生会主席，竟然拿不出像样的元旦节目来。全体学生会干部开紧急会议的时候，每个人都在为自己找借口推托。正说着，学院院长拉门进来，甩给薛晨一个电话号码。说：“给你们个救星，好好把握吧。”

薛晨打电话过去的时候，对方似乎还没睡醒，声音慵懒，语气却很凶悍，说：“谁啊，大早晨的打什么电话，还让人睡不睡了？”为了荣誉，薛晨清清嗓子说：“小姐，是这样的，我们老师说让我打电话给你，说拜托你帮忙编排一个节目。”

电话那头不屑地扑哧一声说：“你们学院有多少女生，全都带去那个多功能舞蹈厅吧，半个小时之后见。”

薛晨急忙带着大部队赶到舞蹈厅，一阵铃铛响吸引了所有人的目光，鸭舌帽，耳机，棉大衣，大背包。薛晨的心已经开始狂跳，甚至有些狂喜。竟是她。

她完全不像刚刚睡醒的样子，精力充沛得要洋溢出来。黑色波浪长发及腰，非常漂亮。指挥大家站好队之后，鞠了一躬说：“你们好，我叫王美琳，是你们的学姐，艺术学院舞蹈系的。这几天由我来给你们编排汇演的舞蹈。”

她对薛晨做了一个 OK 的手势，意思是他可以走了。可薛晨哪里舍得走，一直站在那里看她，眼神专注，比任何时候都要专注。他心里一直在欢呼雀跃着，感觉有一种失而复得的惊喜。

最后一次排舞的时候，薛晨正在犹豫着一会怎样约她。她已经收拾好包，转头对薛晨说：“你不走吗？现在要锁门了。”薛晨忙上前去，问她：“可以请你一起吃顿饭吗？”她打量薛晨一番，说：“好啊。”

薛晨忙上前给她开门，问她：“你想吃什么？去吃西餐还是料理，或者是去吃印度咖喱。”她看着薛晨，眼睛先笑起来，说：“薛晨，看不出来你还是个会讨女孩子欢心的绅士啊。怪不得那么受小女孩的欢迎。”

薛晨第一次觉得自己的名字这样好听，从她的口中叫出来。声音干脆利落，不比小女生的嗲，听起来却又觉得很舒服。她背着大包，用手拢着长发，飘来洗发水的味道，很香。然后说：“我们去吃火锅吧，我好饿。”

她坐在薛晨的对面，火锅热气腾腾。她扎起马尾辫，一副高中生的样子，薛晨也是第一次看见这样能吃而不做作的女孩。

很久之后薛晨才回想起：自己为什么会这么迷恋王美琳。想到最后也想不明白，直到她丢失很久以后，他猛然想起，并不是因为得不到，而是因为她太特别了。

（二）

那年的元旦晚会特别成功。女生们穿着王美琳帮忙借来的踢踏舞的服装，还没开始跳，台下就热闹起来了。薛晨坐在学院院长的旁边，院长脸上的皱纹都笑开了，跟薛晨说：“看来钱没白花啊。”

不知怎么了，薛晨听了就像咽下一只苍蝇一样反感。王美琳给他的感觉是清丽脱俗的，他以为她热情热络，原来仅仅是为了钱。

晚会后的聚餐，薛晨喝了不少酒，喝着喝着，他突然想找她问个究竟。薛晨跑到她们宿舍楼下等，这一等就是一两个小时。

直到宿舍快关门时，才见她回来。薛晨问她：“美琳，你排舞是收钱的，对吗？”反而是她愣了一下，说：“嗯？你不知道吗？”美琳又笑，“我还以为你知道呢！因为是你所在的学院，所以给你打了对折啊！”倒是薛晨愣住了，他说：“原来你一直都知道我。”

她说：“是啊，多才多艺的学生会主席嘛。我在文艺展上看见过你的设计，觉得很漂亮。”薛晨又问：“那天问我借火的时候你也知道是我？”她笑着说：“是啊，你的目光太热烈。”

后来，薛晨经常打电话到她的宿舍去，她经常不在。薛晨是真的意识到她很忙，每天要到 5 个健身会所去教舞蹈。他终于明白她总是饭量那么大，每天那样折腾，换了是他，他都坚持不了，何况是个女孩。

薛晨问她：“美琳，你很缺钱吗？我能不能帮上你。”她说：“薛晨，我缺的不是钱，而是安全感。只有很多的钱，才会给我带来安全。”

为了有更多的时间陪她，她有课的地方薛晨都报了名。下课的时候王美琳走在薛晨的身边，嬉笑打闹。她还是背着大书包，薛晨几次想要帮她背，她都不愿意。她说：“薛晨，你可知道里面装的是什么？”薛晨取笑她，“不就是女生零七碎八的东西。”她却神情严肃地告诉他：“大错特错，这里背的，是我的梦想与生活。虽然沉，但也不会压弯我的腰。生活，总是要自己过，才来得真切。薛晨，我要告诉你，靠自己双手挣来的生活最快乐。”

这时的王美琳，少有的严肃和认真。从那时候起，薛晨就预感总有一天，她会背着大包远离他。结果，确实如此。

为了王美琳，薛晨还是背着她跟女朋友说了分手，他不想再欺骗自己的内心。她有些歇斯底里。她说：“别以为我不知道，你不就是喜欢上了那个王美琳了吗，有什么了不起。我告诉你，多少男生都追不上的女生，你别以为你可以。王美琳有男朋友，她一直供他在国外学习。你不知道吧！人家可比你优秀多了。你趁早死了这条心吧。”

薛晨虽然已经走出很远，可是心还是震了一震，原来自以为了解王美琳的他，原以为接近了王美琳的他，却是最一无所知的。

哥们儿以为薛晨因为失恋而伤心，纷纷来安慰他。薛晨问：“哎，你们认识艺术学院的王美琳吗？”他们说：“当然认识啊，很正点的美女。不过真是搞不懂，她一个女孩那么拼命赚钱干吗。她也不像乱花钱的女人，低调得很。听说很多有钱人追她，她都不愿意。有人说她男朋友在国外念书，好像是她供着的。俩人可能是青梅竹马长大的，郎才女貌，真叫般配。后来很多男生都死心了。”

薛晨的心确实很痛。不是因为她有男朋友，而是，她为了他那么拼命，毫无怨言，真的是很爱吧。

（三）

2009年初夏，王美琳依旧背着大书包到处奔波。忙着毕业论文，也忙着挣钱。薛晨很少有时间见她，只是偶尔一起吃个晚饭。

有一天，她背着大书包，站在男生宿舍楼下喊，薛晨薛晨。薛晨慌忙下了楼。她说：“薛晨，你今天不许有事，陪我玩一天好不好？”

王美琳带了很多好吃的，跟薛晨说：“小时候，特别想去游乐园，像郊游一样，带着大包小包吃的，疯狂地玩上一天，那一定是最快乐的事了。”她一路都很兴奋，不停地说。

风在耳边呼啸而过，她叫得比谁都大声、开心，薛晨侧过头看她娇媚的模样。这是薛晨第一次牵她的手，如此柔若无骨。那一刻薛晨想：就算过山车此时失灵，就这样死了，他也是愿意的。

晚上薛晨带她去吃火锅，他把手中的鲜花和蛋糕递给她，她狐疑地看着他说："薛晨，你会变魔术吗？你从哪里搞来的？"薛晨一副恭敬的样子说："今天是女王殿下的生日，我又怎敢不记得啊。"

熄灯点蜡烛的时候，王美琳的眼眶已经湿润了。说："谢谢你，薛晨。这是我正儿八经过的第一个生日，今年，我22岁。"她微笑着，眼睛里却闪烁着泪花。薛晨给她拍了一张照片，他唯一的一张纪念。

看完电影很晚了。薛晨说："我们回不去宿舍了，我送你回家吧。"她扬起头发，笑着对他说："薛晨，我没有家。18岁前，我住在孤儿院；18岁后，我住在大学宿舍。"

她跟薛晨讲她的故事。"我小的时候并没有名字，我只知道我姓王。我和其他被抛弃的孩子并不一样，我身体健康，没有任何残疾。也许正因为这样，所以我受排斥。与我一样的，还有一个男孩，他叫赵康龄。"

他们俩一直在一起玩，他比美琳大一岁，比她成熟，什么事都是他保护着她，直到他们六岁那年吧，他被领养了。

他被管得很严，有的时候他偷偷跑出来，塞给美琳饼干、零食。有一次，他说："隔壁家的小女孩有一个跟你一样漂亮的娃娃，那个娃娃叫美琳。你以后就叫美琳，好吗？"美琳点了点头。那年，他9岁，她8岁。

他什么都是最优秀的。他经常来找美琳，给她补习功课。他对美琳说："学习是我们唯一的出路，只有它可以改变我们的命运。你要努力，总有一天，我会带你一起走。"高考的时候他替美琳报了名，美琳又考了喜欢的舞蹈系，专业课竟然通过。

赵康龄非常争气，考上重点大学重点专业。他经常告诉她："美琳，我们新的开始，会走得更好。"赵康龄大三的时候，成绩优异，推荐出国。他来跟美琳商量，有些愁眉不展。他说："养父母不同意，说我走出去就回不来了，白养了十几年。"美琳说："康龄，你去，我有钱。"

美琳努力地挣钱，一是帮他，二是让自己不那么寂寞。

王美琳讲完这些的时候，脚下已经堆满了空空的啤酒瓶。她指着星星说："薛晨，你看，多闪亮。"薛晨说："是，美琳，就像你一样。"她不好意思地对薛晨一笑，“我第一次见你害羞的样子。月光下，很动人。”

笑着笑着，她就掉下泪来。她说：“薛晨，他竟然忘记了我的生日。他今天打越洋电话来，我以为他要说，美琳生日快乐。结果，他跟我说，美琳，这些年你供我读书的钱，现在我已经打还到你的卡里了。我在这边马上要结婚了，过几年就可以拿到绿卡，我不准备回去了。你好好地生活，把我忘记了吧。走好人生的每一步，我们的人生跟别人不一样，我们再也错不起了。”

她说：“薛晨，原来钱也不能使人快乐。我现在虽然有很多的钱，可是，我却一点也快乐不起来。”

薛晨走过去拥抱着她。他第一次觉得，她是这样的瘦，这样的柔弱，需要他去好好地呵护。她的眼泪，都掉落在他的心里，开成花朵，长成树木，落地生根。

送她到宿舍门口，她依旧对薛晨笑，给他一个拥抱，然后亲了亲他的脸颊，说：“谢谢你，薛晨。谢谢你。”说完，她就走了。之后薛晨再也没见过她，再也没有。

（四）

当薛晨意识到她离开，再去找她的时候，一切都已经来不及了。薛晨打电话到她的宿舍，舍友说桌子上有本她留下的书，你要的话过来拿。是一本《圣经》，翻得已经起了毛边。封面上一字一画地写着：王美琳，祝你的人生更加美好。下面写着：赵康龄赠，1999 年。

一句话被她画了又画：爱是恒久忍耐，又有恩慈；爱是不嫉妒，爱是不自夸，不张狂，不作害羞的事，不求自己的益处，不轻易发怒，不计算人的恶，不喜欢不义，只喜欢真理；凡事包容，凡事相信，凡事盼望，凡事忍耐；爱是永不止息。

人生感悟

世上有很多种爱。最深厚的，是父母之爱；最贴心的，是知己朋友间的爱；最激情的，是情人间的爱；最彼此依赖的，是夫妻间的爱。然而，这些爱，都是自私的，是只对自己至爱亲朋的关心，对世界的冷漠。

什么样的爱是最无私的呢？是仁爱！仁爱，是一颗火热的心，是一种温暖的感觉，一盏可以驱逐黑暗的明灯！

一日三餐的爱情最有滋味

爱过就会留有痕迹，哪怕是痛，哪怕是伤，真爱无悔，真爱永恒……

在每个人的记忆里，有一种痕迹，相伴我们成长，也唯有这种痕迹，总在你最不经意时出现，却在你痛苦哭泣时逝去，时光风化了所有的痕迹，只有它陪你到天荒地老，因为它是那样的刻骨铭心，那就是爱情……

从结婚那天开始，湘南就承包了家里的厨房。虽说相当不情愿，但因为妻子一进厨房头就大，湘南已是苦熬硬撑了十多年。不过也好，湘南因此发表了一些跟“美食”有关的作品，还有一次上过电视，虽说只有短短的几分钟，但也算是回报和安慰吧。但妻子这下更有理由，还不时地说：“没有下厨房的经验，你能写出这么优美的文字吗？你还能上电视吗？去吧，那是烹文煮字，满案锦绣呢。”听了她的话，湘南就气不打一处来，让他干活还挤兑他，真是太伤自尊了。

经过一段时间深思熟虑，湘南决定对她实施报复。先是大菜椒里不放盐，再是西葫芦炒肉里放两次盐，湘南要给她点颜色看看！吃菜椒时，她皱了一下眉头，但旋即说：“嗯，这菜椒真有特色，甜丝丝的，要是糖醋就更好了。”湘南顿时气得牙疼，因为她吃得津津有味啊。湘南接着说：“那你再尝尝这个。”她夹起肉片儿搁到了嘴里，一下子就咸得她嘴都合不住了。

湘南笑嘻嘻地说：“味道怎样？”她使劲儿把肉片咽下去说：“嗯，想得周到，大热天儿的，出汗多，得多补盐，还是老公心疼我。”湘南差点背过气儿去，因为她又开始大嚼起来，简直是狼吞虎咽啊！看来她是百法难治，他只有认输的份儿了。只是心里常常会想：“要是有那么十天半月不让我做饭该多幸福啊。”

皇天不负有心人，终于有了机会，妻子要回娘家待一个礼拜。她走的第一天，湘南没有做饭，那感觉简直就像是从苦难深重的旧社会一下子蹦进了当家做主的新社会。湘南啃了几口面包，嚼了几块儿饼干，喝了一听可乐，要多自在有多自在。第二天依然如此，满身轻松好不潇洒。但是，到了第三天中午，肚子提出了抗议。湘南进了厨房，却忽然没了做饭的兴致，那就泡一包干拌面吧。可一到晚上又不行了，肚子里空落落的，还咕咕乱叫，那就再蒸米炒菜吧。

想着就自己一人，谁知做得比俩人还多，拿筷子本来只要一双，抽出来却是四根。然后，就骂自己傻瓜。接着吃了两天剩饭，结果还吃坏了肚子，一次次去厕所。湘南忽然觉得一个人做饭其实很没意思。到第五天晚上，湘南给妻子打电话说："快回来吧，我五天只吃了一顿饭。"

妻子在那端笑道："谁不让你吃啦？"

湘南说："一个人不想吃啊。"

放下电话，去修改那篇《一生一世的爱》时，湘南忽然想到，为什么妻子一不在家，自己就没了做饭的兴趣？是不是也有爱情这个东西在作怪呢？于是，蓦然回首时便感到原来那一日三餐的烹炸蒸煮里，都是自己对妻子的爱啊。

天下的一对儿饮食男女，如果能牵手在一个锅里搅稀粥，而且，在许多年后，彼此都知道对方最喜欢吃什么，而各自的口味儿又容纳了对方的嗜好，终于达到了"你中有我、我中有你"的最高境界，这不就是能看得见，也品得出滋味的爱情吗？

有时候，我们总是把爱情想得过于浪漫，总是觉得花前月下山盟海誓才是爱情，殊不知这一日三餐里的平凡爱情，才是最有香有色有味的啊。

人生感悟

其实一个简单不能再简单的人，都会想拥有平凡的梦想，过着平淡的生活，实现自己平凡的目标。不可能每个人都能过上那种奢华的生活，但你可以拥有一个平淡的人生，一个温暖的家。

烟花般寂寞的爱情

爱是柔情的旋涡，酣畅的强音，醉人的语言，雄浑的流音，潇洒的传入，在回忆中荡漾，在记忆里疯狂喘息，缭绕着情怀，诱惑了情感。爱让人深深陷入了柔情的旋涡里。

他贫穷，生活随便，一个人吃饱全家不饿，喜爱画画，是个城市流浪者。

她富有，生活奢侈而有品位。但她厌世，找不到人倾诉，是个都市苦闷者。

他们本是陌路人，没有交集，彼此生活在异乡的国度里，一个偶然的机会，很偶然地走到了一起。

她因受家庭的压抑，被迫和未婚夫回国结婚。他流浪在外，因为嗜赌恰逢赢得一张回家的低等船票。他们是同乡人，在同一时间坐上了同一艘船回同一个国度。真是相逢不如偶遇。

当大船起锚的那一刻，她真切地感觉自己已经带上一把心灵的沉重枷锁，曾经想逃离的美梦终于被无情的现实所包围。而他站在甲板上放肆地尖叫，心际瞬间飘起了缕缕的乡烟。

船上，她住的是总统套房，他住的是下等小舱。她不断迎合名目繁多的宴会，他更多的只是和朋友一起在甲板上看大海和画画。一个平静的黄昏，他正坐在甲板上画一个孩子的头像，仰起头看见了她。她凝神着，若有所思，望着远方蓝色的大海和天空，美丽得完全像一幅画。他当然抵不住自己的视线，更也抵不住自己内心的骚动。他觉得她美丽绝伦，拿起笔开始画她。

晚上，他躺在甲板的椅上抽劣质烟，想着她曼妙的样子。突然一个女的哭着从他身旁跑向船尾，他追了上去，马上认出了就是她。看样子她想自杀。

她爬上船尾的栏杆，准备跳下去。他要过去救她，她拿死威胁他的举动。他问她为什么，她没有说，只是说自己想死。他说，你这样会很痛苦的。她说，为什么。他很巧妙地说，下面全是冰水，温度零下好几十度，如果你跳下去，会没有呼吸，如万箭穿心般死去。她是个贵族家的年轻女子，从来不敢想像那是一种怎样的死亡。她害怕起来，向他妥协。

当她未婚夫赶来时，她向未婚夫撒谎，说自己因为想看船尾的推进器，差点掉进了大海，是他救了她。他因此被邀请参加贵族的晚会。晚会上，他在她和许多贵族人面前说自己是个城市流浪者，曾经常常露宿街头桥底下，但他一直生活得很开心。他还说，自己的这张船票都是靠赌而幸运得来的。她的未婚夫是个商业人士，不喜欢他的言辞，早早离去。而她很羡慕他的自由。

他邀请她去下等舱的迪吧，她很乐意。他们在那里和那些低层次的人们一起疯狂地玩乐，他们跳舞喝酒表演节目。她简直忘乎所有，忘了自己是贵族女子，应该守些规矩。

她对他说，你好棒。

那是她上船后，第一个没有压抑的夜晚。

第二天早上，他来到甲板上画画，而她向他讲了自己沉积已久的心事。

她说，她每天要参加许多晚会，但是开心不起来，总是很郁闷，郁闷到了无法呼吸的地步。她的未婚夫是个非常自私的商人，她一点都不爱他，她嫁给他是出于母亲的逼迫，因为家里欠了很多外债，只有嫁给他，才能还债，才能保住自己家族的地位和荣耀。她说，她恨透了贵族生活中烦琐的礼节和卑鄙的勾当。

他很同情她，向她讲了自己小时候有趣的事。他说，他从小家里就很穷，但他觉得自己却一直生活得很幸福、很快乐，无拘无束。

她笑着对他说，你小子真是不得了。

以后，她在漫无天日的郁闷中，时常会去找他，和他聊生活、聊爱情。而他渐渐也成了她生活的一部分。

他是流浪者，她未婚夫非常看不起他。她和他经常在一起，这无疑引起了他的厌恶和猜疑，因而她被警告不许再去找他。而他来找她时也被恶意地拒之门外。

终于有一次，她和他在一起狂欢时被她未婚夫发现后，她遭到未婚夫恐吓并被软禁起来。

没有他，她开始发觉自己的生活太乏激情。她真的离不开他。

她美丽、善良，被生活所困。他爱她是毋庸置疑的。

为了解救她，他偷偷去找她，鼓励她挣脱目前的困境，大胆追求属于自己真正的幸福。他说，不然你会毁了自己一生的。

她叫着他的名字，说我爱你。他说，我也爱你。

她听了他的话，背着她未婚夫去找他，和自己爱的人在一起。

他坐在船头发呆，想着他和她的事。他看见她来了，马上振奋起来。他们一起站到船头甲板的栏杆上去，他叫她闭上眼睛，张开双臂，看会有什么感觉。她睁开双眼，惊叫起来，对他说，我感觉自己在飞。

他第一次搂着她吻了她。彼此感情的急剧燃烧，使他们在反叛中显得更加猖狂，似乎谁也阻止不了他们在一起。

她把他叫到她的房里，说帮她画画，他高兴地答应了，她开始脱光衣服让他画。她问他：我漂亮吗。他说：漂亮极了，简直就是仙女下凡。她用嘴吮吸他的手指，喊着他的名字说，我爱你。他静静地看着她，伏下身，和她尽情地做爱。

奇怪的事就像在冥冥之中发生了，大船在海上遇难将会沉没。

她未婚夫为了陷害他，置他于死地，故意派人将一条价值连城的珠宝偷偷放在他的口袋里，然后以盗窃的罪名擒住他，把他铐在一间屋子里。

他挣扎着对她说，你要相信我，我没偷，是他们捣的鬼。她当然相信他的话，她毅然背叛她的未婚夫去找他救他。

生死场上，他们在危难中都活了下来。

她未婚夫意外地发现了他们，然后对她说：你先走，我随后安排你和她一块走。他爱她，他没有异议，尽管他知道她未婚夫不会为自己安排。但她只能唯唯诺诺地答应了。

水进得厉害，船下沉得快。救援的信息炮发出的亮光，在阴森黑沉的苍穹上不断地寂寞绽放，孤零零的像鬼魂一样在寻找活着的生命。

原来生命就是这么的渺小而又珍贵，对她和他是一场告别。

在被下坠放入海面的救生艇上，她目光呆滞，神情恐慌而茫然，四周被一片尖叫声、哭泣声、呐喊声所围绕。她看见他在大船上目送自己，天空上不断闪烁的亮光把他照得特别落寞而沉重。

不远处有个男的在对被放入救生艇上哭着说不离开他的女儿说话，声音特别亲切而镇定。他说：别哭了，孩子，爸爸不会离开你的，爸爸离开你只是暂时，只是暂时。小女孩听了她爸爸的话，好似也信以为真，便没哭了，泪水在双颊不停地颤抖。

她知道那个男的在骗他女儿。恍惚间，她猛然像明白了什么似的，猛地跳出救生艇，爬上大船，向他冲去。她哭着抱着他大喊：我爱你，我爱你，我不离开你，我不离开你。他捂着她的头发，疯狂地吻她骂她：你好傻，你好傻。

她未婚夫再也忍受不了了，拔出枪就向他们射去。生死场上，他们在危难中又一次逃亡。

当大船快彻底沉没时，她抱着他，叫着他的名字说我爱你，然后一起沉入大海。

她母亲走了，未婚夫也走了，大船也彻底沉没了。

她和他掉进了冰冷的海水里。他为她找了块木板，让她躺在上面。他说：赢得这张船票让我遇见你是我这一生最幸运的，你一定得活下去，你会生很多很多的孩子，死在温暖的怀抱里，而不是这里。她看着他冷得厉害，声音在发抖，哽咽着答应了他。

海面上很快平静下来，七八百个落海的人开始在那里熟睡。

她听见天上的星星在向自己唱儿歌，呼唤着她，她醒了。转过结满冰碴子的头去看他，他好像沉睡了。她反复地摇他的手叫他的名字他都没有醒，她渐渐开始声音嘶哑绝望了。

他最终沉入了幽黑的大海，她最终被一条返回的救生艇所救。

很多年后，当她真的像他所说的那样，有了孩子温暖的怀抱成为一位暮年老人时，在对采访这个故事的人说，女人的心像深藏秘密的大海。她从来没有向人提过他，包括自己最亲的人，他只是一直活在她的心里。他的名字叫Jack，她的名字叫Rose。

经典电影大片——《泰坦尼克号》，让我们重温美好爱情。1998年3月10日，美国投资高达两亿美元的影片《泰坦尼克号》成为电影史上第一部票房收入超过10亿美元的电影。该片也是有史以来投资最多的电影。

人生感悟

爱情就像泡茶一样，开始一两次很浓，接着会越来越淡，越来越淡……到最后都忘了对那个人有过那种感觉了。

一般情况下，刻骨铭心地爱过两次的人是很难再体会到真正的爱情的，虽然生活也能进行，但绝不会再像戏剧有高潮有快乐，一颗心还能随着另一颗心亦喜亦忧。

爱情的石灰墙

以前芸梅以为，爱情的颜色是灰的，幸福的颜色是白的。芸梅和罗峰的生活就是灰白色的，没有丰富的色彩，单调得像一面石灰墙。后来，芸梅才真正懂得，只有单调的石灰墙才能画出最绚烂生动最纯美永恒的颜色。

（一）

那年夏天，芸梅和罗峰终于大学毕业了，相约先不回家乡，一起留在繁华的大都市里打拼。

城区的房租高得吓人，于是，他们在城郊租了一间20多平方米的平房，用了两天的时间打扫房间，粉刷墙壁，从旧货市场买回掉了漆的木床、书桌和沙发。傍晚时分，芸梅和罗峰趴在床上一张一张数着所有的钞票，发现已经没有多余的钱买餐桌了。芸梅灵机一动，用门外走廊上堆放的纸箱做成一个餐桌，再铺上一块紫色格子桌布。望着这个初具规模的“家”，罗峰对芸梅说：“芸梅，用不了两年，我一定要让你住进宽敞的大房子里。”芸梅望着罗峰开心地笑着。

学计算机编程的罗峰比较幸运，10天以后找到了一份工作。虽然试用期只有800块钱，但是那天罗峰回来的时候给她买了一束10块钱的玫瑰。那些天芸梅成天穿着套装和高跟鞋在招聘会上跑来跑去。和她同样学历的人多如牛毛，学地理的她根本找不到合适的工作，用人单位苛刻的条件和微薄的工资让芸梅觉得委屈极了。一个公司的负责人用轻蔑的眼神看着芸梅，说：“你觉得你一个学地理的能给我们公司创造价值吗？”

受了委屈之后，芸梅打电话给罗峰：“你爱我吗？”他听芸梅的声音不对，就吓到了，忙问她出了什么事。芸梅说没事，找不到工作，你还爱我吗？罗峰在电话那头就笑了：“芸梅，找不到工作就不找，我养你一辈子。”芸梅因为罗峰的这句话感动了好长一段时间。

罗峰的脾气很好，对芸梅的照顾无微不至。芸梅不太会做饭，罗峰每天下了班以后就骑着自行车到菜市场去买菜。回到家的时候已经很晚了，他就很抱歉地亲芸梅的额头：芸梅，饿了吧，等着，马上就好。有时到了月底，钱不够用了，罗峰就天天做土豆炖萝卜。芸梅越吃得津津有味，罗峰就越内疚。

一向自傲的芸梅找工作找了很久，一直到吹起冷风的 9 月底，芸梅才在城郊的中学里当了一名地理老师。

生活比以前宽松了很多，但两个人的工资加起来还不到 3000，而且罗峰还准备存一部分钱买房子。有时候，芸梅一个人坐在昏暗的小屋里，突然觉得她和罗峰的未来是那么的遥不可及。当芸梅在冬天把双手泡在冷得刺骨的水盆里洗衣服的时候，她就觉得他们连一台 1000 多块的洗衣机都买不起，更何况是几十万的房子？所以芸梅觉得，那只是恋爱中的人说的傻得冒泡的情话。

整个冬天，罗峰更加忙碌，有时候整宿在公司加班做编程，把芸梅一个人丢在没有暖气的小屋里，即便盖着两床棉被还是全身冷得发抖。在妈妈打电话来问时，芸梅说自己和罗峰正在饭店吃羊蝎子呢！挂上电话以后，泪水潸然而下，点点滴滴都浸湿了棉被，芸梅的心一点点往下沉。

（二）

有时候想想，上帝总是喜欢考验人的。罗峰不能给她买名贵的手表和钻戒，王子晨可以；罗峰不能给她房子，王子晨可以；罗峰不能让她过上踏实安稳的生活，王子晨可以。所以，上帝要考验芸梅，所以，芸梅偶遇了王子晨。

王子晨是一家公司的副总，子承父业，理所当然。那天芸梅在街上瞎逛，趴在透明的橱窗上看一件淡紫色的长风衣。往后退的时候芸梅站立不稳，一下子倒在那辆停在街边的宝马车上，背包上的金属扣在车身上划下了一条长长的印子。在芸梅惊呼的时候，王子晨从后面拍她的肩膀，他偷偷地说：“小姐，我什么都没看见，你赶快跑吧，不然车主回来就糟了。”芸梅看了看他，没有跑，说：“算了，还是等车主吧，算我倒霉。”他笑了起来，“你倒霉？我更倒霉呢，无缘无故被人刮花车子。不过，看在你不跑的分上，我原谅你了。”芸梅耸耸肩，“原来你就是车主呀，对不起，那我可以走了吗？”他说：“不行，请我吃顿饭才能走。”芸梅当着他的面掏腰包，说：“我只装着 36 块，你说能吃什么？”他笑了，“那总可以吃烤肉串吧？”

那天下午，王子晨开着宝马带着芸梅去吃一块钱一串的烤肉串。芸梅坐在车里，想起罗峰，心里五味杂陈。

就这样芸梅认识了王子晨。他和罗峰就像两棵树，一棵开了满树的花，落英缤纷，浓香四溢；一棵结了满树的果，让人垂涎欲滴。女人总是在实用和浪漫之间左右徘徊，摇摆不定。

然而，芸梅心里清楚，她爱的是罗峰。但王子晨充满孩子气地说："芸梅，我们认识的那么巧合，错过一点我们就是陌路了，我会抓住的。"芸梅只好在他追逐的目光里左躲右闪。

可喜的是，冬天很快过去了，阳光在三月的天气里暖暖地照在芸梅的身上，让她有种游离的恍惚。

罗峰被公司派去南方做工程，要去两个月。他在初春的清晨拥她入怀，长满冻疮的手上还留有斑斑点点的红肿。他轻轻抚着她的头发说："芸梅，我会努力让你过得幸福，两个月很快就会过去，乖乖等我回来。"

罗峰走了，芸梅一个人坐在没有太阳依旧冰冷的屋子里，觉得 20 平方米的屋子变得越来越空，心里更是空荡荡的。

王子晨知道罗峰出差，总是在清晨早早地在门口按喇叭，送芸梅上班。他知道芸梅喜欢吃辣的，下了班就带她去吃重庆火锅、香辣大闸蟹或者五味虾，常常带她去游公园，在吹起冷风的河堤上脱下外衣给她穿。这样一个倔强的男人，让芸梅的心变得复杂而痛苦。

罗峰偶尔会打电话来，说想她了。每次接他的电话，芸梅的泪都会掉下来。芸梅知道自己和王子晨的爱情游走在悬崖边上，退后一步，是生，前进一步，是死，真不知道该怎么办。

一天夜里，肚子突然很痛，芸梅从梦中惊醒，挣扎着起来找了一颗止痛片吃，却痛得更厉害了。芸梅忍着剧痛拨了罗峰的手机，没想到他已关机了。想了一分钟，芸梅拨通了王子晨的电话。

那天夜里，芸梅昏迷了，她只依稀记得王子晨抱着她上车，他把芸梅的头枕在他的腿上，一边叫她的名字，一边开着车往医院里冲。他在医院里抱着她跑上跑下，芸梅听见好多人的脚步声。

醒来时已是第二天清晨，王子晨红肿着眼睛端着一碗热汤站在病床前，告诉她昨晚做了手术，阑尾已经切除了，没事了。芸梅哭了，哭得厉害，泪水在白床单上开了一朵又一朵灰色的小花，好似她和罗峰的爱情，花开了，因为没有充足的阳光和水分，花就谢了。

（三）

芸梅住院的第三天，罗峰打来电话，他并不知道芸梅在医院里。他说："芸梅，乖乖的，还有两个礼拜我就可以见到你了"。芸梅说："好"。

出院的时候，王子晨来接芸梅。他掏出一枚漂亮的钻石戒指，他说："嫁给我吧，芸梅。我会让你一辈子都幸福。"芸梅犹豫着，王子晨拉过她的左手，将那枚戒指戴在了她的无名指上。

罗峰仍在南方，而芸梅收拾了简单的行李搬了家，在书桌上留了一封长信。芸梅在信上说："亲爱的罗峰，我知道你为了能够让我过上好的生活而四处奔忙，我也知道你爱我。可是，一个女人想要的只是冬夜里一个温暖的臂弯，病痛时一个可以依靠的怀抱，还有一个可以挡风遮雨的家。我走了，希望你原谅我，也希望你能幸福。……"

写信的时候芸梅的手一直在颤抖，她不知道怎样用文字来抚慰一个男人的伤痛，来解释一个女人的离开。她想，她们谁都没有错，爱情，在现实面前往往是如此苍白无力。

那天晚上，芸梅搬进了王子晨装修豪华的房子里，他说过几天带她去见他的父母。芸梅一个人在房间里钻进暖烘烘的被窝，却怎么都无法入睡。那一夜噩梦不断，她一直梦到罗峰，梦到他在熙熙攘攘的菜市场里买菜，梦到他长满冻疮的手一直在电脑前敲键盘，梦到他说，芸梅，你为什么要走？我对你不好吗？

芸梅想：可能上帝是惩罚我了，他先是抛了一个选择题给我，而我选错了答案，所以，他惩罚我了。

就在芸梅还没来得及和王子晨去见他父母，却在医院因为不舒服例行检查的时候，知道自己得了再生障碍性贫血。

芸梅一下子蒙了，医生说需要做骨髓穿刺，做进一步确诊。芸梅没有听，从医院跑出来，一个人走在密密麻麻的人群里，心，突然就冷到了冰点。

芸梅不知道自己是怎样走回去的，当芸梅和王子晨说她患了再生障碍性贫血的时候，他的脸变得惨白。他像热锅上的蚂蚁一样在屋里来来回回地走，不停地说：怎么办？怎么办？芸梅颓丧地坐在地上，没有了思想。

过了两天，王子晨的父母突然来了，王子晨走在他们身后耷拉着脑袋，没有了往日的谈笑风生。他的父母对芸梅语重心长，循循善诱。芸梅一听就明白了，王家不可能要一个身患重病的儿媳妇，也不可能拿出高额的医疗费甚至倾家荡产为她治病。芸梅笑了起来，撑起两天没有进食的身体，眼睛直直地盯着王子晨。站在父母背后的他不再是那个勇敢的男人，他低着头，不敢看芸梅一眼。芸梅脱下那枚戒指，轻轻地放在茶几上，然后披上外套，提起早就收拾好的行李出了门。

（四）

没有了去处，芸梅又回到了小屋里。桌上的信还没有打开过，她算了算日子，罗峰过两天才会回来，她拿起那封信，丢进了火里。

罗峰回来的时候，芸梅已经快一周没有正常吃顿饭了。她躺在床上，没有丝毫的力气。这个生性坚强的大男人居然哭了，他紧紧地抱着她说："芸梅，发生什么事情了？怎么变得这么瘦？"芸梅也哭了，喉咙里发出微弱的声音："罗峰，你还爱我吗？我已经不值得你爱了。"罗峰吻了吻芸梅干涩的嘴唇，说："芸梅，我爱你，不管你变成什么样子，我都爱你。"芸梅说："我活不长了，我得了再生障碍性贫血，随时可能昏厥过去，这是上帝给我的惩罚。"罗峰不相信地看着她，像要看进她的五脏六腑里。芸梅轻笑，男人都是一样的，王子晨也是这样的眼神。

罗峰走了，匆匆忙忙地出了门。芸梅把身子缩成一团，一直缩进被窝里，没有了眼泪。

半个小时以后，罗峰却回来了。他提着新鲜的蔬菜和肉，还有一只肥肥的鸡，他像从前一样对她说："芸梅，饿了吧，等着，马上就好。"天渐渐黑了，屋子里的光线变得好暗，芸梅躺在床上一直看着他拣菜洗菜切菜的背影，看着他偷偷地用袖子把眼泪擦干，看着他给她炖鸡汤做青椒炒肉和糖醋菜心。看到后来，止不住的泪水模糊了她的眼睛。那一眼，看得好长好长，时间静止了，芸梅的心突然就平静了。她现在才醒悟过来，她错过了这样一个好男人，王子晨对她来说就像一个梦，让她知道自己是多么愚蠢。可是，当她明白的时候，她却不能再拥有罗峰了，也不能再拥有爱情。

那顿饭吃了很久，芸梅狼吞虎咽的样子让罗峰心碎。那天夜里，芸梅躺在他的怀里安稳地睡过去，她没有梦到王子晨，而是梦到了花香、阳光，还有罗峰的笑脸。

（五）

罗峰把他存在银行准备买房子的钱全部取了出来，又从同事那里借回好多的钱，他说不够再想办法，“我带你去医院，我一定要治好你。”

芸梅看着他眼里的坚定，心痛得无以复加。

当他们终于从医生口中得知，如果细心照顾调养，有规律的作息饮食，定期去医院复诊的话，她还可以过上健康人的生活时，罗峰把芸梅整个举起来，在医院那充满消毒水味的走廊上大声地叫着她的名字。他放她下来的时候说：“芸梅，我们结婚吧。”

婚礼办得很简单，可是，芸梅的心里却洋溢着满满的幸福，她真想做一块匾感谢医院。如果没有医生的治疗，她就那样离去的话将会让她终生后悔。芸梅更不会懂得，真正的爱情并不一定非要宽敞的大房子和昂贵的钻戒。没有一颗真心，再大的房子也装不下完整的爱情，再昂贵的钻戒也不会让爱情变得永恒。

结婚以后，芸梅和罗峰依然住在那间小屋子里，他们每天喜滋滋地上班下班，喜滋滋地攒钱付首付买房子，也喜滋滋地喝着土豆萝卜汤。只不过，这个汤是芸梅亲自熬的，她学会了在熙熙攘攘的菜市场挤来挤去，也学会了和菜贩们讨价还价。芸梅想：“我要为罗峰做一辈子饭，熬一辈子汤。这，就是属于我的幸福。”

爱情，让人学会成长，学会包容，也学会了珍惜。

人生感悟

爱不一定要轰轰烈烈，也许细微中更能体会到爱的真情。珍惜自己现在的拥有，不要失去了才感到她的可贵。失去的东西是永远找不回来的，爱也一样。

其实拥有的东西再光彩夺目，日子久了也会觉得普通平凡。这就像花朵，闻久了不觉其香，当凋谢成泥土时，我们才会回味到它的清香。

其实，你比游戏更重要

如今的网络游戏真是如火如荼，有些人是越玩越上瘾，几乎达到了废寝忘食的地步。

走出赛区，看见大门口蹲坐着一个熟悉的身影，走过去看竟是小茹。苏灿在身后拍拍她，她显然吓了一跳，见是苏灿，舒了一口气，把一个保温饭煲递到他手里。苏灿接过后，她慌忙把手藏到身后，可是苏灿还是看见她手上被烫出来的小水泡。

盒里的饭有点凉了，苏灿问她："等很久了吧？"

"对啊，你手机关掉了。"她撅着嘴。

"不是告诉你不要来嘛。来，让我抱抱，累了吧？"苏灿有点心疼。

"我不来你又饿肚子，你一点都不乖，还挑食。"

苏灿吃着盒里的饭，小茹坐在他的身边，紧张地问："好吃吗？好吃吗？"苏灿大口大口地扒着饭，说实话，挺难吃的，可是苏灿能想象得出这个连袜子都不会洗的女孩是怎样笨手笨脚地为他做第一顿饭，心中涌出的是久违了的感动。苏灿笑着说："当然好吃了，你看我不是全部都吃光了吗？"

小茹听了一脸满足地笑着，站起来就走。

"小茹，你去哪儿啊？"苏灿问她。

"回家呗。"

"别急，我带你去一个地方。"苏灿把她领进赛区，他从没领女孩儿见过朋友，更别说是赛区。队友们见到小茹都好奇极了，"小嫂子、小嫂子"地叫着，弄得她脸蛋都通红的。队友们都跑来跟苏灿打趣。苏灿心里明白，他是真的爱上她了。

QQ 上，苏灿问她，"小茹，你嫁给我好吗？"

她还是呵呵地傻笑，痛快地说："好啊。以前别人说什么要娶我，我觉得特恐怖，但是我现在突然想嫁人了。”

“嗯，小茹，相信我，等我攒够钱让你做最风光的新娘，我们就结婚。”

虽然苏灿所在的队没能拿到第一，但对于他们这支刚组建不久的队伍来说，全省第二的成绩已经是非常不错的了，所以苏灿决定继续努力，非拿第一不可。

有关 CS 的比赛越来越多，苏灿也越来越忙，他忘了多久没想过小茹了，他总是比赛到很晚，偶尔在 QQ 上看到她，她也总是很沉默，苏灿不知道她怎么了。因为苏灿从来没有关心过她是不是开心，过得好不好。

一天，她说：“你能陪我说会儿话吗？”

苏灿说：“不行啊，我现在联系比赛，正在等电话。而且马上要开赛了。”

“就一会儿也不行吗？”

“小茹，乖。”

“CS 对你来说真的很重要吗？”

“是。”

“那我呢？难道我就一点不重要吗？”

“也重要。”

“那我和 CS 哪个更重要呢？”

“CS。”苏灿确实没有骗她。

很久她的 QQ 头像都没有再动。

几天后，苏灿看到她给他的留言：“我不知道能不能等到自己比 CS 更重要的那一天了，以后你要照顾好自己……”苏灿觉得她像是在说傻话，没看完就关了 QQ。

几个月后，打完 CS 回到家已经是精疲力竭了，倒在床上一动不想动。这时手机响起来，苏灿不想接，可它却响个没完没了。苏灿一看是小茹的号，就没好气地接起来说：“不是叫你这几天别打电话给我吗？你不知道我有多累……”

电话那一端传来一阵怒吼：“……你他妈的还算不算是男人啊？”

不是小茹，苏灿一愣，“你谁呀你？”

“你甭管我是谁，明天小茹出殡，你要是也算个男人，就来看她最后一眼。”

小茹？出殡？什么跟什么呀？苏灿还想再问下去，电话戛然挂断。

忽然一种恐惧感占据了他，苏灿拼命地回拨，很久才有人接起来，是个很苍老的声音，“你找……”

“小茹呢？”

“她……不在了……”声音里明显带着哭腔。

苏灿的脑袋轰的一下，难道，小茹她真的出事了？

那天，苏灿看见小茹被他们抬了出来，她脸上还带着微笑，可天使般的微笑再也泛不出光晕了。小茹的朋友看苏灿的眼神分明是仇视的，恨不得吃了他。小茹的妈妈告诉苏灿：小茹有血小板减少性紫癜，家里人什么都不让她做，生怕她不小心弄破了手指或是什么地方，血流不止。原以为治好了，可后来不知怎的，血小板又突然下降了，心脏功能也开始衰竭。前几天她突然精神很好，我们都明白那意味着什么，她说她想听听你的声音，打电话给你，可是关机，她说你一定在比赛呢。有人说去找你，可小茹不让，她说比赛对你很重要，她怕你生气，说着说着自己就哭了，我们也都跟着哭，她说肯定有一天你会明白，她比 CS 更重要，可她等不到了……小茹妈妈抹起眼泪来。

苏灿好几天没打 CS 了，呆呆地看着小茹的 QQ 形象。自从小茹走了以后，苏灿整个人好像被抽空了一样，身和心都特别疲惫。

苏灿打开小茹的 QQ 才知道，里面只有他一个人的号。

苏灿注意到她的资料里有一个网址，打开来一看，是个心情驿站，有各种各样的故事，其中有篇文章的署名是小茹。

真是无法想象，我就那么无可救药地爱上了他。我喜欢他的温柔，也喜欢他假装凶巴巴的样子。假如有一天他向我求婚，我一定会嫁给他。

我最近心情很不好，我喜欢听他说话，可他却连话都不愿意和我说了，因为他太忙了，他要打 CS，要为第一的荣誉而战。他再也不叫我小傻瓜了，他从没说过爱我，也没送过玫瑰给我，可我还是喜欢他。

有一天我告诉他江边涨水了，他说以后陪我看，我很高兴。有一天我看见一只很可爱的小狗，他答应我，我们以后也会有一只，也叫小茹，我很高兴。他说过几天陪我去看电影，放风筝，我特别开心。虽然这些都还没有实现，我相信总有一天会的。但我恐怕等不到那个时候了。

他说CS比我重要，我没生气，因为他说的是实话，可是我很伤心，所以我偷偷地哭了。我想自己还不够坚强，做得还不够好，医生说我过不到下一个生日了，他还不知道我的生日呢！不过这已经不重要了。

我又虚弱了，刚打了几个字就很累，真的很没用。

我知道他有很多女朋友，这样也好，我走了，他不会那么伤心，虽然我是那么想嫁给他，我一直盼他送我玫瑰，哪怕只一枝。以前有很多人送我，可我没收，因为那代表爱情。我想我可能等不到他送我的那一天了，所以我偷偷买了一朵送给自己。我想我写什么他永远都看不见了，所以我可以随心所欲地敲打文字。我刚才打电话给他，但他关机了。那个讨厌的声音一直重复，“对不起，您拨打的号码已关机”。

我好想，真的好想再和他说说话，哪怕就一分钟，听听他的声音也好，我们好久都没见面了，我每天都好想他。真没出息，又哭了，唉，其实我真的好放心不下他，他玩游戏时间长了眼睛会疼，我买了眼药水却没法给他，还有，他挑食……

文章没有写完，苏灿想是她累了，结尾有一个flash，点开，是一首梁静茹的《会呼吸的痛》。

“你总说时间还很多
你可以等我
以前我不懂得
未必明天就有以后
想念是会呼吸的痛
它活在我身上所有角落
哼你爱的歌会痛
看你的信会痛连沉默也痛……”

Flash制作的有点粗糙，可苏灿那憋了很久的眼泪还是滴了下来，画面的结尾还有一行行的小字。

想听你说“我爱你”，一声也好；

想接受你送的玫瑰花，一朵也好；

想再多点时间爱你，哪怕只一秒；

可是现在，我的手都已经颤抖了，好想再见你一面。

苏灿一个人躲在漆黑的房间里，终于大哭起来。他就那样错过了小茹，他最爱的女人，还来不及宠她，还来不及实现曾经的诺言，还来不及让她做最美丽的新娘。这不能不说是他心中永远无法弥补的遗憾。

那该死的网络游戏，让苏灿连她最后一面都没见上，真该死。

是的，苏灿终于明白了她是最重要的，可惜她已不能再等他了。

苏灿最终放弃了 CS，做了一名普通的白领，他一定会要她做他最风光的新娘。

“生日快乐，小傻瓜。”

每个礼拜苏灿都会来到小茹的坟前，他只想和小茹说说话。微风像她的发丝轻拂过他的脸，他非常想念那依然最爱的她的笑脸。

朋友、家人都惊讶于苏灿的改变，不抽烟了，不打 CS 了，不上网了，养了一只和她一样可爱的小狗，像当初他们说好的那样，叫它小茹。苏灿只想再和她说说话，再送她最美的玫瑰花。

人生感悟

人世间太多的“相见恨晚”，也有太多的“悲欢离合”，如果天下所有的有情人都能终成眷属，那该有多好。

没有人会在原处等你，所以，在遇到真爱的时候，绝不要轻率地放弃！不抛弃、不放弃，这也适合于我们的爱情信条。

请让我尘埃落定

爱情或幸福但短暂，或者痛苦而不愿回忆；抑或平淡而长久。爱情是两种性格和涵养的互补、磨合——于平淡和危难中相守！感情的结合不是康庄大道，平坦的前面还有一段迷茫的森林，只有齐心协力、互相扶持才能走向幸福的彼岸。

下面是一个叫何晴的女孩讲述的她的爱情故事：

（一）

我的现任男友刘进用了所有的积蓄在湖边买了一套房子，小户型，简直比麻雀窝还要小，但是推开窗就可以闻到湖水的气息，这非常难得。更难得的是，房产证上的名字是我——何晴。

我像模像样地以一个女主人的身份开始装修它，客厅的墙壁是粉红色，配一张小小的红色双人沙发，想多耀眼就有多耀眼；卧室是浅浅的紫，如梦幻似的颜色，可以吞没我所有张扬的梦。

我蹲在地上擦未干的油漆，刘进突然嬉皮笑脸地靠近我："报告房主，这是我最后一点财产，申请上缴。不过这东西有点寒酸，120元，还是折后价。"

他最后一句话的声音明显底气不足。我咧开嘴笑了，他手心里是一枚细细的银戒，没有钻石的闪亮，没有铂金的厚重，但那微小的光泽，丝丝缕缕地拴住了我的心。

"戴上嘛！我是在求婚呢！"刘进死乞白赖地恳求道。

"哪有这样求婚的？"我鼻子有点酸，低下头，以免那小子看到我感动的泪水会春风得意。"来来来，我亲自给你戴上。"他慢慢走到我面前。我伸出十指，面色严峻地说："天天给你擦地板，手指头都变粗了。"转身去厨房洗手，脸上的笑藏都藏不住。

手机却在这个时候不合时宜地响了起来，电话里的声音我一辈子都忘不掉："何晴，我回来了！"

刚才的笑容一下子僵在了脸上。

（二）

东子戴一副无框眼镜，看上去斯文了许多。可是我依然一眼认出了他，他坐在酒店的咖啡厅里，下巴微微仰起，望着落地窗。我站在一棵大铁树后面，犹豫着，终于还是将左手无名指上那枚银戒指轻轻旋了下来，放进了我的坤包里。

我就这样出现在东子面前。他脸上的笑缓缓打开，像错过了季节的花。东子喝咖啡的姿势像极了海归一族。

我撇嘴说："东子，你打哪冒出来的，从前不是这样的。"我 17 岁就认识东子，他梳着小平头，抽中南海，一抬手就把欺负我的小流氓揍得眼冒金花。那是一场英雄救美式的相遇，虽然他的体积更像狗熊而我也并非美人。从那天开始，我成了他的跟屁虫，大家都说东子就是个小无赖，可我仍觉得他好，因为他的眼神清澈。

"我昨天晚上刚下的飞机。"

"这么多年怎么不和我联络啊。"

"我怕一听见你的声音就忍不住从大西洋那头飞回来。"

"你也会开这样暧昧的玩笑了？你不单纯了。"我笑他。

"真的，何晴，我其实很想你。"

他说这话的时候，居然都不笑，一本正经地坐在那里望着我。他的眼神依然那么清澈，清澈得像没有污染的湖泊。他从手提包里拿出一个牛皮烟盒，抽出一支烟，点燃，缓缓地吐出一口气，淡蓝色的烟圈挡住了我的眼。

那个旧烟盒已经被磨破了边角，那是我用拙劣的针脚细细密密地缝制的。想当年，我把烟盒送给他时，他若无其事地扔在车篮里，他说，这东西带在身上很麻烦。

我转头望着窗外，内心怦怦乱跳，唉，若不是多年前已经被他打了感情防疫针，恐怕这次又要掉进他眼睛的湖泊里。

咖啡凉了。他站起来，我走在他影子里，仍旧像很多年前那个小跟屁虫一样。我们都不说话。

(三)

东子的车在湖边公寓停下。他抬抬头："日子过得挺不错的嘛！不请我上去坐坐？"我笑笑，摇头。

他其实没有下车，我也不可能邀请他。因为 18 层的小房间里有个叫刘进的男子，这是一个东子并不熟悉的名字。

我和刘进认识是在一次网友聚会上，上百人的大规模聚会，根本不知道谁是谁，他忽然挤到我面前，大声地说："我暗恋你两个多月了。"然后他报出自己的网名，我睁大眼睛，原来就是他天天在我的版上扔我板砖。

刘进是经济实用男，幽默风趣，脸皮挺厚，至少在追求我的过程中，他肯撕破自己的脸皮。他和东子没有任何相似的地方，最重要的是，他爱我。

在我 24 岁遇见刘进那年，东子已经到法国两年多，杳无音信，我想我需要一个心细的男人来疼爱我。

当我打开门的时候，刘进已经将乱糟糟的新房子打扫干净了，他正趴在窗口，头也不回："那车挺棒，就是开车的小子有点胖。"

"是个老同学。"我有些做贼心虚地解释，其实只不过和东子喝了不到一个小时的咖啡而已。

"我又没吃醋。"他咧嘴笑了笑。他的目光在我的手指上一扫而过，我恍然发现自己忘记了将那枚银戒指戴上。刘进笑着跑进厨房，我看着窗外的湖水发呆，心里有些微微的痛。

再次见到东子是在高中同学的聚会上。他坐在人群中间，旧日面孔严峻的老师们争相夸奖他今时今日的学业有成、事业初创。

我在人群里，几乎没怎么说话。身边这些长大了、世故了的面孔让我不忍回顾。东子仍旧把我放在身边，像高中时代一样，他走在哪里，我跟在哪里。可我们再也回不到十七八岁时的年华了。

19 岁那年，我考上口碑不错的重点大学。他被他爸逼着进了补习班。我几乎每个礼拜都给他写一封信，他半年内只回了一封，而且回得很短，他说他仍旧每天打架、逃课、无所事事。

他生日那天，我千里迢迢地回到老家，我把牛皮烟盒送给他，他吹了声口哨就扔到了自行车的车篮里。我说：东子，我其实很喜欢你，我希望你能考到我所在的城市来。这样我们就能长相厮守了。他看看我，夸张地笑起来。他说：我一直把你当成是哥们儿。

之后，我没有再给他写信，一年之后，他忽然悄无声息地去了法国。他从来都不知道，在与他形影不离的青春岁月里，我的心一直那么痛，超越年华的痛。

（四）

东子从人群里转过头，贴在我耳边说："我们逃课吧！"在我还没作出反应的时候，他已经拉着我的手离开了人群。我的手心里渗出细密的汗珠。

他带我去了本市最好的西餐厅，刘进与我望尘莫及的西餐厅。面对那张英文菜单，我有些窘迫。他对着外国侍应生口语流利，举止得体。我呆了片刻，竟然觉得眼前的东子和当年那个愣头小子隔山隔水地遥远。

首饰盒放在我面前，一枚漂亮的钻戒在烛光下光芒闪烁。

“我不知道是不是有些晚，但，还是想送给你。其实，一直都在喜欢你，只是当年的你太优秀，我觉得配不上你。后来，决定出国，决定好好奋斗，一定要把我最好的爱给你。最初的日子很艰难，只有想着你，才能熬过来。”他说这些话的时候，仍旧很冷静，像偶像剧里的男主角。

“东子，你一定是在小学时就没好好听老师讲课，不然你不会不知道刻舟求剑的故事。”我瘪瘪嘴，眼泪流下来。是啊，已经太晚了，我把左手伸出去，露出我纤细的银戒。“东子，我这个你不爱的人，已不是单身一个人。”

不知道别的女生会为了自己年少时的单恋坚持多久，但，爱是一件吃力的事情，它会耗掉你的青春。当时间的河流不肯停歇地向前奔涌的时候，我在无望的守候里，心甘情愿地登上了别人的岸。

我和东子告别。我没有告诉他，对他的那份爱仍旧留在心里最妥帖的地方，但，与现在的他无关。它，只能留在最初的年华里。

回到湖边公寓的时候，刘进已经在被子里睡得香甜。

我从背后抱住他，他忽然转过身，像孩子一样将头抵在我的下巴上："我真怕你不回来。"

我愣住，这个天不怕地不怕丢脸也不怕的刘进竟然会这样担心我吗？

“我这么穷，一辈子都可能这么穷，你不会后悔吧？”

我用左脚踹他的右脚。一起吃苦的幸福，总胜过胆怯懦弱的躲避。之所以会爱上怀抱里的这个男子，因为他有颗勇敢的心。他清楚地知道，120元的戒指也可以代表一辈子最坚贞的承诺。

深夜的湖边，有人歌唱，请允许我尘埃落定，歌声细若游丝，跟着湖水一起奔跑。爱情也要向前奔跑。

人生感悟

在现实生活中，恋爱一次就成功的人为数并不算多，既然如此，不少夫妻就有一个如何对待对方旧恋的问题。有的人动辄以“你那个相好的”为题发表“演讲”，并以戏谑的态度和语言挖苦配偶，以为这样才能解自己心头的闷气，促使配偶割断旧情。

殊不知，这样做最容易伤害配偶的自尊心，最容易使配偶拿你和旧恋人做比较，最容易使配偶旧情萌发。如果采取相反的态度，把配偶以往的恋情当作一段尘封的往事，理解和尊重对方在婚前的那段经历，这样更容易使配偶忘记旧情，一心爱你。

思念是最漫长的等待

思念一个人，有时候会很甜蜜，一辈子埋藏在心底；有时候会很悲伤，因为已经物是人非了。

“老公啊，我们什么时候能结婚啊？”女人一脸好奇地问，从声音分辨，她是很轻快地询问。他们在一起时间不久，两年而已，相处两年的情侣到处都是，随便就能抓出一大把，而现在的人，能有几个在交往的时候考虑结婚的？

“现在工作上也没什么突破，过两年吧。”男人轻轻柔柔地道。

“哦。”没有失落亦没有兴奋，似乎预料中。

“老公啊，那假如有孩子了怎么办？”

“你有了？”男人紧张地握住女人的手，眼睛紧紧地盯住她。

“你抓痛我了啦。”女人喊了出来，“我是问问而已，有了我会告诉你的。”

“老婆，你记得，以我们现在的情况并不适合要孩子，经济上也许可以不用顾忌但是心理上还无法接受，养育一个孩子不是养育一只小宠物那么简单；如果你有了要告诉我，我会陪你去医院的，明白吗？”听了女人的话，男人放下心来，也柔下声音来对女人说着自己的观点。

“你放心好了啦，我不会那么不注意的，即便是有了也不会瞒你的，嘿嘿。”女人清爽的声音再度响起。但在心底，女人不知道是否该赞同男人的话，彼此工作其实都不错也算稳定；已经多次思考过，男人只是交往初期提到过结婚，而当彼此交往变得稳定后就没有涉及过婚姻；女人虽然大大咧咧但不是真的傻。其实真不知道他们之间的问题到底出在哪？是不爱吗？虽然感觉不到爱却也没感觉到哪不爱，也许是时间让彼此都沉静了。现在他们住的房子，一半是女人出钱按揭的；她习惯平衡。平日逛街，他也从来没有陪过她，她从来不觉得有什么不舒服，毕竟习惯自娱是最容易快乐的方式，这时候却想到这个动作是否也能衡量他的感情。

“老公啊，今天你陪我逛街好不好？你还从来没陪我上过街呢。”女人撒娇地说。

“忙呢。乖，怎么今天想到要我陪了？”男人漫不经心地问。

“那你要不要嘛？”

“自己去吧，要买什么自己去提款就是。”男人的眼光始终专注在文件上。

“老公，我突然想嫁给你了，怎么办？”清纯美丽的小脸上闪亮的大眼无辜地望着男人。这句话把男人的注意力拉回到她身上。男人望着眼前这个没被现实的残忍划下太多痕迹的女子，隐隐的不耐与无力。

“那张纸对你来说是什么意义？”男人放下手上的工作打算和女人好好地谈一次。

“不知道。想和你结婚跟那张纸有关系吗？”

“你想结婚不就是想要那张纸吗？”男人牵动了一下眉。

“如果你那样想也可以啦，你有没有想过和我结婚？其实也是在问你的未来有没有把我算在内。”依然是轻快的声音。

“从一开始我就是打算和你一直走下去的，你不会不明白。”男人间接地回答。

“你从来没有直接地回答过我的问题耶，不管是怎样的问题都好！”女人把声音放到很嗲。“好了啦，不跟你讨论了，免得气死我自己！嘻嘻，那我自己去逛街啦，不要你陪，哼。”话音一落，她拿起包以轻快的姿态走出房间。

身后的门一关上，原本笑意盈盈的脸瞬间沉下来，换上一脸苍白与哀愁，她的眸底有着让人捕捉不住的幽晦迷离。迈出脚步，缓缓地走在人潮拥挤的路上，她的脑子里一片空白却也塞满了思绪，一直都以为自己是很快就能过渡伤害放大欢乐地开心着，这次用尽了力气，却做不到，泪水直流。有的时候不甘愿输给命运却不得不屈服于宿命。

哭够了，收起眼泪扬起笑脸，冲到步行街给心爱的他选了十套西服十件衬衣十条领带十个胸针十双袜子十双鞋子，信用卡几乎被刷暴，但是她笑得看不到眼。这时候的她，就是一个精灵，能感染人的精灵。

东西太多扛不了，她只好打车回去。得意洋洋地向他炫耀自己的战绩，他看到那么多的衣服，嘴角边隐隐地抽搐，看着身旁这个做事向来一鸣惊人的她不知做何反应。

“老公啊，这些都是我挑的，不错吧？”看着自己挑的西服她自我陶醉，对自己的眼光她向来自信。

“老公啊，这些衣服记得要慢慢穿哦，今天看到好看的心血来潮就帮你买了。哼，你要敢说一个不喜欢的字眼，我就让你吃不了兜着走，听到没？”叉着腰威胁，故意板起那张娇滴滴的脸。

“好。我不说不喜欢，但是你买这么多干什么？你怎么总是那么浪费！”男人语带指责。

“哎呀，老公，反正都已经买了你骂我也没用啊。你就多疼我一点也喜欢上这些衣服吧，好不好嘛？”女人撒娇地摇着他的手，一脸的委屈状。他回她一个无奈的眼神，揉揉她的头发。

“好好好。你呀，以后记得别这样了听到没？否则就算你撒娇我一样不饶哦。”

“嗯嗯嗯嗯。”女人拼命地摇晃着脑袋。

“嘿嘿……嘻嘻……”女人一直在咧着嘴傻笑个不停，男人见状亦拉开嘴笑了出来。他的女人太可爱了，和小孩子一样无忧无虑，也有成熟女人的知性。有“妻”如她，还有什么不满足？他在心里也在琢磨着见家长的事，一直都不再提起结婚的事只是想给她一个惊喜，当初在一起的时候，他就下定决心娶她。

“老公啊，我这个月回家去陪我妈妈好不好？毕业到现在我都没有在家好好呆过呢，妈妈好想我了，我怕弟弟娶到的老婆欺负我妈，我要回去好好‘教育’弟弟去！”晚上的时候她搂着他，手在他身上挠着痒痒，他边逃开她的魔爪，边取笑：“你终于有良心记起妈妈啦？”

“嘻嘻，人家可是乖乖女咧！老公，我买了明天中午的机票，这段时间你可要好好照顾自己哦。”

“原来你是有计谋的啊，我说你怎么突然对我这么好。”男人假装凶神恶煞。

“哈哈，你装得都不像啦。讨厌！”

笑声溢满整个世界。

半个月过去，男人耐不住没有女人在身边的空寂，思念她的调皮，想念她的体温。拨通她的电话，男人细声细语地磨女人赶快买票回来。电话里她清爽如银铃般的笑声回荡在整个脑海里，令他眼圈犯红。

“老婆，你回来好不好？我们结婚吧。”

电话另一头刹那静如死寂。“你，不是不想娶我的吗？”沉默过后，女人轻轻地问。

“我不是不想，我是想在适当的时候给你一个惊喜，只是还是熬不过思念先说了。”男人解释着。

“嘻嘻，好啊，你等我回去好不好？”女人恢复精灵样，似乎得到了全世界一样。

继续半个月过去了，男人见女人迟迟不归，再次拨通电话。这回电话响了好久才被接起，却是女人的弟弟接的。男人询问他女人怎么还没回来，弟弟说她那里还需要处理点事，还没那么快能走开，告知很快就回，请他别挂心。

再半个月后，男人接到来自女人弟弟的电话。电话里，弟弟让他马上到他们家去，说女人有事。男人吓坏了，订好机票如箭般飞奔机场。

飞机降落，女人的弟弟接机，弟弟一眼就认出男人，一路沉默地把男人领到医院。不祥的预感笼罩着男人，病房门开，女人瘦弱苍白的脸震撼住男人。男人的心猛地被狠狠地揪了一把，绞痛难耐。拖着软弱无力的腿，迈到紧闭双眼的女人身边，用手轻轻地抚着那熟悉的脸颊，一下一下地抚摸着。

“姐姐胃癌晚期，拖了两个月了。”弟弟在一旁轻轻说着，女人的父母眼圈瞬间又泛红。

这个意外，真的太意外了，意外到连怎么回事都弄不清楚，意外到他感觉自己是在云端。胃癌，原来女人总是说没胃口总是不吃东西，说减肥是女人的终身事业，这一切都是借口，他责怪自己怎么就没用心去观察过。怪自己那么大意让女人独自撑着这最难熬的日子。

女人去天堂后的半个月，从女人住的那个城市寄来一封信，男人看着熟悉的字体，浑身颤抖。

亲爱的老公：

一定在想我了，是吗？一定是的，我在天堂都感觉到了呢！

老公啊，你说想和我结婚，真的好感动哦！原本以为你只是想和我在一起并没有和我共度一生的想法！老公，谢谢你的爱！

和你在一起啊，真的是世上最幸福的事呢！每天早上醒来你都会喊手麻，嘻嘻，知道吗？老公，这是最最感动最最记忆犹新的片刻。在家的这些日子我都睡不着，没有你的手臂当枕头没有你的怀抱当港湾。但是我不后悔，我不愿意你看到我被病魔折磨得不成人形的样子，我相信换你你也不会让我看到自己痛苦的一面。老公，原谅我，以后只能在天上笑给你听了。

老公啊，一年前，我是多么希望时间能够定格，多么想永远永远都把你铭记于心底，但是发现怎么看你都看不够，我不知道要怎么做才能让心里舒服点。我知道你爱听我笑的声音，其实我自己也好喜欢自己的笑呢，所以就天天笑，让你永远都记得我，是不是好自私？我怕我走了之后你把我的一切都尘封进一个连碰都不会去触碰的角落里。我好怕，怕在那里我会冷，所以就用爱让你对我刻骨铭心。我把每天当成最后一天来过，所以，够了，今生有你，够了。

上次帮你买的衣服袜子鞋子，你每年在我离开的那天穿上一套去看我好不好？十套，那就是十年，十年里，你只能用十天的时间想我，在特定的那天里，你才可以想起我，也不准不想我。你知道我喜欢紫色玫瑰花，记得去找到哦。我对我老公可是很有信心的呢。记住，一年就是那一天能穿，别的时候不要去碰那些服装，如果你忘记了，那么在你老之后看到那些衣服，也许能想起我的这个要求呢。嘻嘻，以后你娶老婆了，记得在那天的时候带来给我看，但是不要告诉她我是谁，是女人都会介意的，就说……呃……就说我是你的青梅竹马好不好？我好羡慕那些青梅竹马长大的人哦。

以后你娶老婆了，那她就是“咱老婆”，你要对咱老婆好哦，就像对我这样，因为我在天上看着呢。虽然我会哭会吃醋，但是我更不舍得女孩子伤心。你下辈子欠我一生，好不好？下辈子我会是一个好健康好健康的宝宝呢，到时候我会用力用力地缠你一辈子，直到老去。

老公，我不想告诉你我爱你这个事实了，怕你哭。我只看过你哭一次，那次我任性和你提分手。但是现在的你一定也是在哭，对吗？不只是眼睛哭，心也在流着泪。老公啊，不要让心停格在那凄楚哀怆的瞬间，笑着面对人生，帮我笑完今生，好吗？

从现在开始，不要悲哀不要消沉。想我只要用十年里的十天；十年后把我从生命里彻底清除，我自私，但是我怕我的自私让你恨我。所以我就赖你。十年，就十年好不好？十年，我们就真的忘记彼此，期待来生。

已经在履行约定的傻孩子

泪滴湿了信纸，男人痛哭失声。天渐渐地暗了，黑了，窗外灯光斜射了进来。男人整理好情绪："老婆，我记得你十年，想你用十天，来生还你一辈子！"轻轻地，对着天际呢喃。

人生感悟

即使再坚强的心也会有变脆弱的一天，但只要心中有了爱，就会变得很坚强，就会有责任，有给对方幸福的责任。

爱上了一个人，能够为她牺牲，就算付出了生命。我甘心为了你，两个人在一起，分享爱的命运，永远都不会忘记，我们生活的点滴……

一条流泪的爱情鱼

人活一辈子，与他人的相遇，只是空凭着一种缘分，未必会有一个明了的结局，因为在这个世界上，实在会有太多境遇完全不同的人，从相遇到无奈地离散，周而复始，就像飞鸟和鱼，是注定的遗憾，故无须太多惆怅……

邱涛是刻意要来杭州的，因为心里有一个隐隐约约的念头，他要看一眼佩佩，那个八年前决绝狠心的女子。

十来年前两人认识的时候是在一个春光明媚的四月的午后，他下楼找同学踢球，在楼梯拐弯处，一团白衣撞上了他，然后是从她怀里掉下来一盒东西，纷纷洒洒地飘下来，顿时，一股清香弥漫开来。再看撞到怀中的女子，清丽不俗，邱涛在片刻间明白了什么叫情窦初开。

洒落的是茶叶，女孩子明眸皓齿，蹙着眉头。上好的明前茶，全完了，你知道 1 斤碧螺春要采 7 万个幼芽吗？邱涛脸红起来，连声道歉，只看到过采茶姑娘在满坡绿色前的明媚与娇柔，并不知道 1 斤碧螺春居然要 7 万个幼芽！两个人蹲下来，一点点将没有沾到土的茶叶拾起来。女孩说，那沾到土的，染了尘埃，再沏出的茶，难喝死了。

邱涛细看她，桃花一样的眼睛和嘴唇，和他年纪相当，口音是南方人。

后来知道，佩佩是杭州人，今年是和父亲一起来姑姑家送明前茶的，而那一罐茶叶，却让邱涛撞翻了。邱涛真心感谢那罐茶叶，因为它认识了佩佩。

18 岁的邱涛，在刹那间感觉到自己不同以往的心跳。邱涛在给佩佩的信中写道，从你撞入我怀里的那一刻起，我就知道是有上帝的。

高考后，邱涛事与愿违地留在了北方，佩佩依然在杭州上大学。佩佩说离不开杭州，到哪个城市都有陌生的气息。于是两人约定邱涛一毕业就去杭州。

每年柳绿的时候，是邱涛最高兴的时候，因为可以收到佩佩寄来的明前茶，上好的碧螺春。这时总有同学开他玩笑，邱涛，你的爱情茶又来了。而当那沸水沏下去后，茶叶在透明的杯中翻滚时，也是邱涛的思念在心里翻滚的时刻。

有很多女孩子都喜欢着邱涛，可是，没有人知道佩佩在他心里的位置有多重。邱涛在给佩佩的信里说，如果他是大海，那么佩佩就是海中唯一的鱼。

大二时，邱涛准备去杭州时，才发现收到佩佩的信居然有一箱子了，而所有的信仿佛还带着江南的气息：春有杏花春雨，夏有西湖醉意，秋有桂花飘香，冬有断桥残雪……于邱涛而言，那无疑是一段倾城之恋，他从骨子里爱上了杭州。

他们像两条鱼一样缠绵在一起，彼此都是第一次，兴奋得失败了一次又一次。佩佩说，邱涛，三生三世前，我认得你。邱涛说，不，千年前或万年前，你是那西湖边等待跟我相会的白素贞，而我是借你伞的许仙。佩佩捂他的嘴，这个比喻不好，许仙到底负了白素贞，我要你永不负我！两个人拥吻在一起，顾不得西湖春意浓，因为小小的旅馆里，爱比春意浓。

大三时，明前茶再寄来时，却附了一封信：邱涛，我们分手吧，我不爱你了。简短到来不及明白就已经心碎。再喝茶时，居然品出那般的清苦。为什么，以前喝了那么多次都是清香。原来有爱，茶会清香醇甜；而没有爱，有的只是茶的苦涩。茶清茶苦，一念之间。

迫不及待地踏上去杭州的火车，邱涛见到的佩佩，冷冷的，脸色惨白，只是她又爱上别人，不习惯和北方男子打交道，她还是喜欢江南男人的纤弱和缠绵。大概也习惯江南男人的阴柔之美吧，邱涛恨恨地想，却在火车上泪如泉涌。没有人知道他的青春是在思念杭州的蹉跎中度过的。他始终未明白佩佩最后的一句话：邱涛，我要你在每年的春天喝到明前茶。

邱涛回来大病一场，然后接受了一直死命追他的高干子女许佳欣。毕业后，顺利地分配到一家机关单位，然后和许佳欣结婚生子。

一年年，时光如长了翅膀，只是偶尔还会想起佩佩来，那是在每年收到她寄来的包裹的时候。这时候许佳欣总是讽刺他："怎么，那杭州女人是白蛇吗？这么多年还对你纠缠不清？"此时，距离他最后一次去杭州已经8年了，女儿已经两岁了，过去的那场初恋，如一段巫山云雨，想要看清，总是很难。

遇见多是梦中，还是当初相遇之时，他抬头，一张桃花样的眼睛和嘴唇，那样的妩媚柔软，那样的芳香。

但是今年，却没有再收到佩佩的明前茶。

那些旧信，一直被邱涛锁在抽屉里，一次次搬家也没有丢掉，邱涛知道有些东西在生命中只有一次的，而此后所有的山河岁月中，那一幕再也不会重演。

等不到明前茶，邱涛对妻子说要出差，一个人来到杭州，他只想再见一次佩佩，问她过得好不好？八年过去，她也应该嫁人生子，或者也和许佳欣一样生过孩子发胖了？这样一想邱涛就笑了，从前那些恨居然淡到无痕，也许真的是有些老了，28岁，马上就是而立之年了，头上也有了白发。于是想见佩佩的念头就更强烈，就当她是个老朋友吧！让他心疼让他牵挂。

按包裹上的地址过去，铁皮的门里是一座30年代的小洋楼，轻轻推门进去，院内满树的梨花正要落了。屋里出来一个老者，满头银发，老者笑着问："是邱涛吧？"邱涛吓了一跳，跑了几千里路，忽然让人喊出名字，不由有些诧异，而老者隐隐和佩佩有着相像的面容。邱涛喊："伯父。"

进得屋来，却看到桌上一张黑白照片，照片中的人灿烂地笑着，邱涛一看就心痛，那笑容灿烂得如同桃花，只有他知道那笑容有着怎样的美丽。再一看就惊住了，因为照片是被黑框框住的，霎时如同天崩地裂一般，佩佩呢？他几乎语不成声。

老者领他到二楼，推开一扇门。老者对他说，八年前，佩佩得了绝症……

这是她的闺房，她走时什么样还是什么样，一点没有变。她临走时嘱咐我们一件事，让我们给你每年寄去明前茶，要寄十年，佩佩说，十年之后，你或许已结婚生子，会渐渐忘记她。假如有来世，她还会在四月撞上你，然后爱上你……

邱涛早已泪流满面，十年生死两茫茫，不思量，自难忘。他以为早就把佩佩藏在最隐秘的角落，现在才知道，她永远像一条蛇盘曲在他心里。

老者给了邱涛一封信，老者说，佩佩给你的，她说，总有一天你会来的。

邱涛含着泪读完了信。

涛：

这是我今生写给你的最后一封信了，如果有来生，我还会选择与你相遇，然后与你相爱。

当你看到这封信时我已经在天堂了，而我的爱还在你身边陪伴着你。你相信永远吗？我相信。因为爱你，我才会相信有永远，而我留在你眼中心中的是我灿烂的容颜。你还记得初相遇，我给你念过的白居易的词吗？

江南好／风景旧曾谙／日出江花红胜火／春来江水绿如蓝／能不忆江南

当时我们相依在一起看西湖的落日，那一刻，就是你我的永恒。你说过你是大海，我就是那唯一的一条鱼，可是亲爱的人啊，你可知道我是一条流泪的爱情鱼，我的泪流在你的海里，你却看不到，只有我知道我的爱像那条孤独的鱼一样。它已经游不到你的海里去了，因为它游不动了。亲爱的涛，佩佩不能和你一起看朝霞落日了，我当了一个逃兵，但却情非得已……

回程的飞机上，邱涛拿出佩佩的照片来看，照片上的女子那样的年轻，永远地停留在了20岁。他翻开背面，看见上面写着：江南忆／最忆是杭州／山寺月中寻桂子／郡亭枕上看潮头／何日更重游

下面是一行小字："与邱涛共相思。"

邱涛的泪如洪水决堤，他知道，杭州，是他的倾城之恋。这座城市，他是再也不会来了！

人生感悟

席慕容在诗里说：不要因为也许会改变／就不肯说那句美丽的誓言／不要因为也许会分离／就不敢求一次倾心的相遇／总有一些什么／会留下来的吧／留下来作一件不灭的印记／好让／好让那些／不相识的人也能知道／我曾经怎样深深地爱过你。

可那么多的山盟海誓，却在现实之中那么地不堪一击：有多少的爱，结束在无奈风俗之中；有多少的爱，结束在无心维护之中；有多少的爱，结束在无力珍惜之中。

当幸福来敲门

幸福是一个谜，你让一千个人来回答，就会有一千种答案。

其实，幸福就是当我看不到你时，可以这么安慰自己：能这样静静想你，就已经很好了。幸福就是我无时无刻不念着你，即使你不在我身边。

幸福就是不管外面的风浪多大，你都会知道：家里，总有一杯热腾腾的咖啡等着你。

幸福就是当相爱的人都变老的时候，还相看两不厌。

幸福就是可以一直都在一起，合起来的日子是一生一世，从人间到天堂……

当幸福悄然而至，有的人因惧怕付出而与幸福失之交臂；有的人不在乎一时得失而选择了付出，赢得的却是终生的幸福。

27 岁的刘丹丹是个生性乐观的人，网名“快乐小妹”，曾经策划轰动一时的网络征文比赛和歌手网络大赛，放言“谁要是不听话，就一脚把他踹出聊天室”，在网络里活泼得很。

新婚不久的丈夫王悦斌在刘丹丹身边坐下，她将手自然地伸进他的臂弯，而他叫她“小傻瓜”。这快乐的“小傻瓜”正坐在轮椅上，是一名中度的小儿麻痹症。

一岁多时，刘丹丹因高烧不退导致身体残疾，寡言少语的父亲辞掉了矿上的工作，换成夜班工作，而在公交车上售票的母亲，年复一年都是早班——而年幼的丹丹必须有人照顾，也不能上学。

2004年，刘丹丹有了一台属于自己的电脑，开始学会了打字，第一次进入“小儿麻痹人生网站”，拥有了另一扇窗口。在同类人中，她逐渐变得活泼开朗，逐渐成为聊天室的“斑竹”。

有一天，网站来了个“异类”——甘肃青年王悦斌。他本是个游客，无意逗留，却发现这里生趣盎然，尤其是“快乐小妹”刘丹丹，总是在笑，鼓舞他人，让他怦然心动。

他对她说：嗨！

两人就此相识。王悦斌出生于甘肃，16岁就开始在外面打工，18岁丧父，从此四处漂泊，孤苦无依。曾经相过亲，每次都是以失败告终。他在一家福利院工作过4年，对小儿麻痹病人很有同情心，也知道怎么料理这类患者。第一次视频，他对刘丹丹不能自控的表情并不大惊小怪。

两人聊幸福也聊不幸，聊生活也聊理想和未来。她倾听、安慰，常常细心地留言提醒：该吃饭了，该睡觉了，该吃药了，天冷加衣，出门小心……

在一个平常的下午，风和日丽，他向她表白了深藏已久的爱意。

那边的刘丹丹，却是吓了一大跳。她觉得自己已经拖累了父母，便不愿再拖累其他人，她当即拒绝了王悦斌。她说：“我不想找男朋友，我已经拖累了父母，不愿再拖累其他人。”

“那么今后想找了，你一定要找个能照顾你的呀。”王悦斌说道。

那一刻，刘丹丹的心都疼了。她曾经动心过，勇敢过，最终没有结果，受了莫大的打击，只好自己安慰自己：“既然无力改变，只得坦然面对！”

王悦斌很执著，一次次大胆地表白：两个不完美的人，难道就不配拥有一份完美的爱情吗？

不久以后，两颗心终于越走越近。终于后来有一天，一个初夏的下午，32岁的王悦斌提着甘肃的奶酪和牛肉干，坐了十几个小时的火车赶到天津，敲开了刘丹丹的家门。

真正见了面，俩人便一见如故，一见倾心，竟然很快决定婚期：那年的十一国庆节。

他们命运坎坷，又都诚挚单纯，如同一滴水碰上另一滴水，自然融合。

很多人并不看好他们，家境贫寒的王悦斌是否另有所图？

王悦斌不多说，只是尽自己的努力去做。他为她擦去嘴角的饭粒，为她做新学的肢体按摩，开心地推她出门散步，时时握紧她犯痉挛的手……面对各种质疑，他总是付之一笑："走到哪里都有流言飞语。但她是我选择的人，这就是我自己的人生。"

刘丹丹则将博客的背景音乐换成了梁静茹的《勇气》："爱真的需要勇气／来面对流言飞语……"

婚礼上，刘丹丹坐在轮椅上，王悦斌向二老跪地磕头，老老实实地说："我会一辈子好好照顾丹丹。她就是我今生的爱人。"

当刘丹丹克制着痉挛，努力地给新郎戴上结婚戒指时，从各地赶来的网友和亲朋，有的鼓掌，有的抹眼泪。

原来，幸福与很多东西无关，但与爱有关。

你还会爱吗？在滚滚红尘的无穷诱惑里，在追求名利的喧嚣道路上，在单调枯燥的俗世生活里，你可曾感受到幸福来了，就像那对无权无钱无貌无名的恋人一般浓烈？

人生感悟

勇敢地迎接自己所得的爱情，尽力地享受爱情的美好，避免它给我们带来痛苦、伤害才好。多从豁达的角度去看，好好把握住所有的幸福吧。

玫瑰把芬芳撒向四周，她得到人们更多的赞誉；古槐铺一片清凉如水的树阴在烈日下，它得到人们更多的赞许。付出的越多，得到的幸福也就越多。

来生还牵你的手

夫妻之道，千言万语，似乎可归纳成两个原则：一是"努力使自己被对方欣赏"；二是"努力去欣赏对方"。爱情的真正魅力在于两情相悦，相互欣赏。

这是一对老夫妻的故事。故事中老头的头发都已经白了，老太太的头发也已经是银灰色的了。每个清晨人们都会看到他们相携相牵地走过，每个黄昏也会看到他们相依相伴的身影。过人行道时，老头都会牵着老太太的手，帮她照看来往的车辆，一直把她牵过马路才松开。到了公园找了个座椅，老头总是先掏出手帕把椅子擦干净才让老太太坐，老太太坐下后就扯扯老头的衣袖让他也坐。

可是有好些天了，街道上、公园里没有出现过这对老夫妻的身影。

在人们差不多快要忘了他们的时候，一天早晨，他们又出现了。与以往不同的是，老太太是推着坐着轮椅的老头。原来老头得了中风，好了之后就成这样了。

第一天，老太太推着老头过马路，面对车来车往的道路，老太太犹豫了好长时间。以前过马路都是老头牵着她的手，她什么过往的车辆也不用管，只管牵着老头的手向前走，就这样都走了快一辈子。现在突然要她自己过，而且还要推着坐轮椅的老头。这对于小学生都很简单的问题似乎难住了她。但只是一小会，她就小心而坚决地迈开了步子。终于过了马路，再看那老太太因紧张和兴奋而变红的脸都沁出了汗珠。

到了公园，老太太就开始扶着老头练习走路。老头颤颤巍巍地站了起来，却怎么也迈不开脚步。老太太边扶着老头边鼓励他，引导他，一步，两步……到了椅子边，这一次是老太太掏出手帕，替老头擦干净再扶他坐下。老头坐下后赶紧拍拍自己身边让老太太也坐下，然后再用颤抖的手掏出自己的手帕替老太太擦汗。

经过两三个月的锻炼，那个老头自己慢慢能走了。再后来，那个老头不用坐轮椅了。人们又看到他们相携相牵地走过。只是老太太的头发也全白了，再过马路的时候也都是她牵着老头过。

可是不久老太太就住进了医院，已经是胃癌晚期了。

老头每天就在医院陪着，侍候着，端水端饭，忙里忙外。闲下来的时候就坐在老太太的床边握着老太太的手，坐着，望着。可老太太的病情还是一天一天地恶化了。每天总是要出现几次昏迷，病魔折磨得她夜里根本不能入睡。这时候，老头就陪她坐着，回忆他们年轻时候的那些事，而这时的老太太就仿佛又回到了年轻的时候，脸上红红的，眼睛也亮了起来。

有一天，当他们又在回忆往事的时候，老太太握着老头的手说："这一辈子，你侍候了我一辈子。本来想老了我侍候你，可谁知我又得了这病。我欠你的，这辈子是没法报答你了，下辈子让我侍候你吧。"

"不，你不欠我什么，是我欠你太多。"老头急忙打断了老太太的话，接着说道："你跟我过了那么多年的苦日子，假如不是嫁给我，你就不会吃这么多的苦。"

"我没后悔。"老太太说话已经有气无力了，老头不忍心打断她："还记得吗？那时我的出身不好，大家都不敢理我，就你对我好。我记得最深的是有一天，下着雨，我在外面的水池子边洗衣服，你就跑过来给我打伞。我永远永远都记得这件事。你都不知道我当时心里的感动。"

老头微笑着接过话头："可那时你却一个劲地叫我走。"

"那时我心里害怕极了，我是怕别人会说你划不清界限。"

"你累了，躺一会吧。"看着老太太边说话边急促地喘着，老头赶紧扶着老太太躺下。可老太太不顾老头的劝阻还继续说着："你一辈子都在照顾我，现在我怕也没有几天了。我走了，你，你就可以松一口气了。"

听到老太太说没有几天的话，老头的眼泪一下子就涌了出来。几十岁的人就像小孩子一样哭了起来，边哭边叫着老太太的名字："只要你活着，我干什么都行。我都已经习惯了，你就让我再照顾你吧！你答应我？你答应我？你答应我吧？"

从老太太预言自己再也没几天了后，老头似乎格外的恐惧起来。可在老太太面前，他却再一次也没有像那天那样地大哭过，只是更精心地照顾着她，在她不想吃东西的时候哄着她，像老太太得的不是绝症而是很快就要好了的样子。只是每到老太太昏迷的时候，老头都大声叫着她的名字，直到她醒来，他才虚脱一样地松口气。

就这样，老头一次次地把弥留状态的老太太叫醒。然后就紧紧地握着她的手，好像他一松手她就会消失一样。

终于有一天，老太太在又一次被叫醒后看着老头说："我这辈子做你的老伴没做够啊！可是我现在活着实在是遭罪，你再别叫我了，你让我走吧！啊？"

老头知道这时老太太已经不行了，知道她是真的很难过。所以他答应了老太太，再也没有叫过她，只是握着她的手，紧紧地握着，直到她生命的最后……

老太太去世了，孤零零的老头每天就到老太太的坟前坐着。刚开始的时候，他总会在老太太的坟前哭上一阵子，慢慢的不哭了。后来再来的时候，他就带着一个相册到老太太的坟前，边抚摸着相册边对着坟墓说着话。每天都是早上很早就来，就这样一坐就是一天，到很晚了才起身离开。

一天又一天，一个多月后的一天，那个老头坐在那里很晚很晚也没有起来。人们过去一看，老头已经死了。怀里抱着一张经过电脑精心制作过的他和老太太年轻时的照片。

人生感悟

爱是世界上最美丽的语言，是个创造奇迹的伟大字眼。它在必要时激发成倍的勇气和力量，让人变得无所畏惧，于是艰难时刻都如尘土般不堪一击，灰飞烟灭。

最经典、最浪漫、最深情不渝的情话永远来自生活，来自真心。只要你愿意相信爱情，幸福就会永驻心中。全心全意去爱一个人，就拥有了全世界最大的幸福。

真爱就在转角处等候

爱情是一种感觉，是抽象的，是可变化的。婚姻是一种责任，是具体的，是需要稳定的。爱情是青春梦，随心情，靠感觉，你可以爱可以不爱，可以爱得深可以爱得浅。婚姻是合同，你们是签约双方，享受权利同时奉献义务。你可以爱过很多人，但你不可能结很多次的婚。

那是一次由朋友一手安排的相亲。那一年她都快 29 岁了，爱情的繁花开了又谢了。只因为没有一双能走路的腿，爱最终是没有结局的结局，往事就像一把锋利的剑，把一颗脆弱而敏感的心刺得千疮百孔。她再也受不得那样的痛，所以朋友介绍他时，她稍稍犹豫了一下，就答应了。

他也快30了，正好长她1岁，憨厚老实，寡言少语。见面时，他拘谨地坐在她的对面，一双手从桌面移到膝盖，又从膝盖移到桌面，头上不停地渗出细密的汗珠。见面的一个小时里，他们说的话没有超过10句。父母问她的意思，她既没说行也没说不行，怎么着都行。这个人，和她理想中的男人，相差何止千万里？可是父母都很欢喜，他们说，这种稳重敦厚的男人最靠得住，值得托付终身。

就这样，他们不咸不淡地交往着。隔几日，他会打个电话，翻来覆去就那几句话，简单的问候而已。放电话前，他总是问，喜欢吃什么，我去的时候带给你。她沉默。隔日他来时，抱了一大堆水果。他说，你天天看电脑，吃这些对眼睛好。便再没多余的话，只是安静地坐在一旁看她双手在键盘上飞舞。

她客气地保持着和他的距离，不亲也不疏。他很努力地想走进她的内心，有一次他说：《红楼梦》里的诗词……她却打断他：外面下雨了吗？她笑容温婉，却有拒他千里之外的冰冷。

她其实也能走的，只不过要用双拐。她从来没有在他面前走过，她那么骄傲，决不肯将自己的缺陷暴露于他的目光下。他便由着她，推着她一起去逛街，去书店，去花鸟市场，为她买香喷喷的烤红薯。

有一次他来的时候，她刚好在小区的花园里锻炼。她的腋下架着双拐，拐杖先向前移一下，然后左腿往前迈，站定了，右腿再往前迈。步履蹒跚，每一步都显得那么艰难。他默默地看着，心里忽然很疼。她转身时正好看到他，他伸手就要来扶她，她脸涨得通红，坚定地推开他，继续往前走。可惜没走几步，脚下却忽然一个趔趄，整个人都摔在地上。

几乎在同时，他从身后冲过来，双腿跪在地上，手抱住她的腰。他的脸在一瞬间就渗出了密密的汗珠，目光里全是疼惜和自责。他一迭声地问：摔着哪儿了？疼不疼啊？来，我抱你起来……她坐在地上，不动，眼睛盯着他看。不过是摔了一跤，这样的场景她早已司空见惯了。但是眼前的这个男人，他的紧张，他的无措，他额头上的汗珠，似乎都在告诉她：他爱她，在乎她，心疼她，怜惜她。

她说：你那么紧张干吗？他没说话，红着脸，笑了。那一刻，她仿佛听到自己心里铁马冰河一般轰隆隆地响过，所有的坚冰，都融化了。原来她的心，一直徘徊在爱的轨道之外。这摔倒的一跤，让她的爱情拐了一个弯。他的宠爱和心疼，是拐弯处鲜明的路标，一路引领着她，走进爱的轨道。

往后的事便顺理成章了。没过多久，他们便举行了简朴的婚礼，请了双方的家长和亲戚。这也应该说是皆大欢喜吧。

人生感悟

爱，缘你而生，在邂逅的途中划出美丽的弧线，落在另一边时，不要懦弱，不要放弃，不要没有勇气，而失之交臂。不管是你爱的，还是爱你的。

不同的人对爱有不同的感悟。其实，爱是什么，只有自己最清楚，就看你如何去看待，如何去感悟，如何去珍惜了！

【辑四】

得不到的未必是好的

张爱玲在小说里说：“每个男人心中都有两朵玫瑰，一朵红玫瑰，一朵白玫瑰。”也许每一个男子全都有过这样的两个女人，至少两个。娶了红玫瑰，久而久之，红的变了墙上的一抹蚊子血，白的还是“床前明月光”；娶了白玫瑰，白的便是衣服上的一粒饭粘子，红的却是心口上的一颗朱砂痣。怀着诗意去看待没有得到的，带着憎恶看着得到了的。

但生活会告诉你，喜欢一样东西时，得到它也许并不是最明智的选择，而错过它却可能会让你有意想不到的收获。

别把暧昧当爱情

生活因平淡才真实温馨，许多人却不明白这一生的真谛，将平淡当成枷锁，不顾一切投入激情的怀抱，结果引火自焚，追悔莫及。何时，人们才能做真情的卫士？

据说现在很流行暧昧，朋友的事例太多，你们认识很久，他天天朝九晚五嘘寒问暖的电话比你的钟表还要准时，你满心欢喜并心怀期待，就连做梦都会笑出来，可是他就是什么也不说，你对自己说等等再等等，直到有一天你看到他身边有了另一个身影，你震惊：不是……这是……我是……

一年前，在星巴克咖啡馆里，余航第一次请张茜喝咖啡，然后告诉张茜说他要走了，就是说张茜要失去他了。他之所以选择这个环境告诉她，实在是怕她失控。事实上，听到这个消息时，张茜没有任何失控的表现，因为她整个人是麻木的。

三天以后，张茜回到了他们租住的小屋，如今已经是人去屋空。她突然就泪流满面，心里像有什么东西噼里啪啦地碎掉了。

那是一个春天，张茜曾以为自己永远都离不开她所生活的这个城市，但是从张茜接到他要订婚的消息后，就马上告诉自己，她要去上海，要到他身边去。

爸妈为此伤透了心，一向乖巧的女儿，竟自作主张地辞掉了不错的工作，去投奔一个远在1000公里以外、即将结婚的男人。

他的未婚妻是他的高中同学，年少时就暗恋上了高大俊朗的他。在他的订婚礼上，他们亲吻的那一刻，张茜在饭店外的草坪边泣不成声。

在他的好友鹏的帮助下，张茜在这个对她来说完全陌生的城市安定了下来。

一个深夜，他避开他的未婚妻打来电话，语气里透着怜惜和关爱："你好吗？生活上有什么问题吗？"熟悉的声音如同天籁，把张茜的泪水都催生出来。这个电话让张茜心中无比温暖，看来她终究有一天会把他等回来的。

一下班，张茜决定不做任何停留，而是急忙赶回家去，也许他的电话在等着她呢。而他也总不让她失望，他的电话几乎是每天都会打来，语气甚至比他们在一起的时候还要温柔。这让张茜有无限遐想：因为他们曾经那么炽热地相爱过。

张茜就在这种温暖和期待中慢慢地等待着，冬天来了，他打电话说："天冷了，记得加件衣服。"他的语气依旧低沉深情，好像她一回头就能看见他。张茜终于控制不住地说："你能来看看我吗？我感冒了，头疼发烧。"

他果真来了，还带来了感冒药和许多营养品，一切仿佛都是从前。他搂过张茜，像安抚小女孩那样轻轻拍着她的头……

直到有一天，张茜陪着公司的一位怀孕的女同事到医院检查身体，走在长长的走廊上，她发现一个熟悉的身影扶着一个大腹便便的少妇，脸上洋溢着幸福的笑容。张茜看清了那是他和他的未婚妻。

张茜远远地停下脚步，身体一点点地僵硬，她又一次听到心在破碎的声音。回家的路上张茜终于想明白了，那些深夜里打来的电话，不过他幸福之余偶尔产生的一点愧疚，往更恶劣处想，他就是吃着碗里惦记着锅里。以前是，所以他离开了张茜；现在是，所以他一直暧昧着。

而张茜，居然傻乎乎地把他的暧昧当成了爱情！

张茜为此又大病了一场。深夜，张茜的手机铃声响起来了，仍然是他的电话。他在那头有些气急败坏，责问家里的电话为什么打不通。张茜淡淡地笑着：我家电话换了，请你以后不要再打来，如果你真的心存愧疚，那就为我祝福吧。

张茜放下电话，一下子变得异常轻松。

是啊，张茜确实是该有自己的生活了。

人生感悟

爱你的人不会选择跟你暧昧，跟你暧昧的人未必爱你。爱，需要态度明确，需要黑白分明，爱也伴随着一种责任，意味着付出。所以不爱，就请收起你的暧昧，不要打着爱情的幌子，做着暧昧的勾当！

得不到的未必是好的

“得不到的东西永远是最好的”，这似乎是人类的共性！所以当喜欢一样东西时，得到它也许并不是最明智的选择，而错过它却可能会让你有意想不到的收获。

酷热隔着玻璃窗透过来，彤彤感到一阵阵的窒息，她百无聊赖地呆坐着，想着过几天同学聚会的事情。

上学时，彤彤虽然不是班级最漂亮的女生，但学习好、性格好、善解人意、小鸟依人，所以，喜欢她的男孩子是很多的。可她从来没有动心过，直到浩走入了她的生活。彤彤始终认为浩是对她最好的，是浩先对她表示好感的，反反复复的多次，她才接受了。她喜欢浩深邃的眼神，还有那一手的好吉他。后来，浩当兵走了，这段感情随着距离的拉远却更加密切了。

那时他们靠书信沟通，刚开始还比较密切，每周三封信。彤彤一次次地给浩寄东西：书籍、牛肉干、葡萄干、巧克力、杏肉、照片……凡是浩愿意吃的、喜欢用的，彤彤都会寄的，因为浩说他们在大山沟里，很苦很苦的。这样的日子过了两年多，连浩的战友都盼望彤彤寄来的包裹了，只要包裹一到，他们就会一哄而上，分享那些好吃的；他们都羡慕浩有个漂亮、体贴、忠诚的女友！

后来，彤彤没有考上大学，也没有固定的体面的工作。浩的家人给她这段感情以无情的打击。他们是极其势利的人，为了浩复员能有个好工作，能坐在机关里，试图着攀上一位局长作亲家。浩在他们的强压下妥协了，所以信也少了，复员后不久，便和那位局长的并不漂亮的千金结婚了。

浩结婚那天，彤彤痛苦极了，她迷茫地来到水库旁呆呆地坐了一天。如果不是放羊的老大爷一直在看着她，她也许就会跳入水中，永远地告别这个世界！

得不到的永远是最好的，在这以后几年里，彤彤沉醉在那段痛苦的感情中不能自拔，她无心交朋友，也不参加一切有可能的聚会。她像个苦行僧一样生活着，拒绝着外面的一切关爱和美好。

一年冬季，要过年了，彤彤买了大包小包的东西往家走。快到家时，她不经意地回了一下头，发现浩就站在她身后。她愣住了，浑身颤抖不止。浩说他要去同事家，就在附近，彤彤“哦”了一声，就和他告别了。

第二天早上，彤彤一出门，发现浩又在附近不停地来回走动着。这次，他告诉她，昨天他是一直跟着她到她家门口的。因为他忘记了她家的电话号码，他打遍了几乎所有和彤彤同姓人家的电话，也没找到她。昨天突然间碰到了她，便跟了来。他说他的婚姻并不幸福，他和她要离婚了，问彤彤是否可以再给他一次机会，他想从头开始……

彤彤望着面前这个泪眼婆娑的男人，过去的一幕幕浮现在她的眼前……她望着他那一张一合的嘴，陡然间觉得这个本来就不高大的男人更加的卑琐，过去的痛又一次地撕扯着彤彤的心……

“哼，你把我当什么了！”彤彤气愤地想，她告诉他，不可能，过去了就过去了，一切不可能重新再来！

“可是你并没有男朋友呀？你不是在等我吗？”浩不停地追问。

“是，我是在等，我是在等当年那个意气风发、风度翩翩、感情专一、心里只有我的人，你是吗？”彤彤直视着浩，声音虽不高，但却是一字一句，重重地压着浩。浩怯懦了，满脸愧疚讪讪地走了。

后来，彤彤听说他并没有离婚，依然和他“过了势”的媳妇生活在一起，依然抽高级的香烟，酗酒，赌博，还经常出没那些娱乐场所。那个男人已经不是当年那个坐在大树下，弹着吉他，用低沉的男中音咏唱王杰的《阿莲》的那个男孩了……

至此，彤彤明白，得不到的未必是最好的。她很庆幸，自己当初没有嫁给浩：什么都可以改，但本性难移，浩本是纨绔子弟，不是“根本人家”的孩子；他过的生活完全是放荡的，如果自己当初嫁给了他，也就是从风姿妖娆的红玫瑰变成墙上的一抹蚊子血而已。

人生感悟

得不到的未必是最好的，确实如此。为什么总是有人说得不到所以才觉得分外的好，那只不过是心理原因。潜意识里有自卑情结，喜欢用自己所仰慕的东西来平复自己的缺陷。比如没有钱的去追求金钱的载体，长得丑的去追求漂亮的依附物……

老婆还是自己的好

“老婆总是别人的好”，当下，越来越多的男人对爱人的感觉越来越淡，而对别人的老婆兴趣越来越浓。而一旦离婚之后才恍然发现：老婆还是自己的好。

（一）

我是个非常幸运的男人，刚到而立之年就拥有了千万身价。妻子是我的大学同学，儿子健康活泼可爱，这样的一个家曾是幸福的代名词。然而，我不小心将幸福弄丢了。男人有了成功的事业，身边的女人就渐渐多了起来。妻子忍受不了我的花心，坚持要离婚。

两个月后，我在幼儿园门外再次见到妻子。她和儿子走在刺骨的寒风里，一边走一边唱着儿歌，她瘦了很多。我将车停在他们身边，命令道：“这么冷，快上来。”

妻子问儿子上车吗？儿子不看我，说：“妈妈，咱们走吧。”我的心被揪了一下。

当年为了我，她毅然将教师的工作辞掉，全心照料我和儿子。离婚时，妻没向我要财产，甚至都没要儿子的抚养费。她住在父母家，我知道她的生活肯定有困难，想为她做点什么，可是话一出口就是改不了强势口吻。

妻子不会拒绝我看望儿子，只是她始终不肯见我，也不愿接我的电话。我把电话打到家里，她叫儿子接，自己不会多说一句。

有一次，听朋友说见到妻子和一个身材高大的男人逛商场。我心里就很不是滋味，一夜没睡好。第二天给她打电话，于是冲她吼道：“你疯到哪里去了，儿子也不管，你到底想干什么？”

她说：“我干什么跟你没关系。”

后来听儿子说，她开了家幼儿园，我才知道她早出晚归的原因。可一想到柔弱的她要独自处理复杂的事务，心里还是揪得很疼。在我心里，她仍是我这辈子认定的妻子。她怎么就能对我的关心无动于衷呢？

我想约她出来聊聊，她说没必要，我一听就火了。她淡淡一笑，说："你的态度我接受不了，不希望你施舍时间和金钱给我。"

我一下子愣住了。我是几百号人的老板，说话从来都是掷地有声的啊。

（二）

后来，她开的幼儿园只维持了一年，听儿子说，妈妈在幼儿园里晕倒了，姥姥不让她继续工作。我真是心疼不已，心想，这个傻女人怎么不知道爱惜自己呢？

我将钱给孩子的姥姥，老人没收，说："钱买不来原谅。"我只好将钱塞进孩子的书包里，想到终于为她和儿子做了点实际的事情，我心里畅快一点。

离婚后，我身边就有越来越多的女人围绕。我带她们上高档餐厅、看电影、买时尚衣服，可内心就是找不到那种安稳的感觉。

转眼离婚两年多了，我心里十分挂念儿子和妻子，可妻子始终不原谅我，甚至不给我任何机会。

儿子说她的文章上杂志了。我没来得及问是哪本，只好将报亭里的杂志全买回来，躲在车里找，越找心越慌，不知道她在文章里如何描述自己作为单亲家长的凄苦生活。看到她的文字，我放下心来。文章里没有痛苦，都是日常生活的快乐。她笔下的儿子活泼而善良。

以前她过生日，我会请一大群朋友在酒店开派对，从不在意她是否真的开心。我以为，女人都会喜欢奢华的生活。这次，妻过 32 岁生日，我特地选了一个新款 LV 包托儿子带给她。

（三）

第二天，她约我出来，谢谢我多年来对她和儿子的照顾，谢谢这个昂贵的生日礼物。我说都是我应该做的。她说："现在都已经离婚了，没有必要再送礼物，即使不再见面，我也会好好带大儿子，这是我的责任。"我说不出话来。月光下，她静静地站在我面前，说："你知道吗？哪怕你肯叠个纸飞机哄哄我，我都会感到你还是从前的你。”

我一把抱住妻子，一个劲地说：“我错了，真的错了，对不起。”她的眼泪落了下来，一滴滴砸在我身上。妻子纤细的手指在我掌心微微发抖。此时，我不想做所谓的成功男人，我只想好好珍惜眼前这个女人。但她最终还是挣脱我，默默离去。

第二天，我问儿子：“妈妈背那个包了吗？”儿子说没有。他指着路边的小店说：“妈妈说，你以前总是给她叠纸飞机的。”

我一下子明白过来，拉着儿子冲进店里，买下所有的彩纸。儿子和我在车里认真地折了起来，折好了就用丝线穿起来。妻子走了过来，要接儿子上楼，我拎着一串串纸飞机，不知道说什么好，还是儿子嘴快：“这些都是爸爸叠的，他要你开心。”

我对妻子说：“这是送给你的生日礼物，晚了一天，对不起。”妻的眼泪落下来。我笨手笨脚地给她擦，可是她的眼泪越擦越多。

我知道，这次我真的触碰到她那颗心，找到了妻子一直为我保留的那个位置。两个月后，我们复婚。在快乐的日子里，我终于明白，男人成功后，不应该飘在虚浮的空中，如能保有平常心态，他的幸福就不会走弯路。

人生感悟

咖啡苦与甜，不在于怎么搅拌，而在于是否放糖；一段伤痛，不在于怎么忘记，而在于是否有勇气重新开始。

为什么当下的很多男人会觉得别人的老婆更好呢？其实，这仅仅是一个远瞻与近窥的问题。你所看到的都是优点。别人的老婆，在她老公看来，也同样有着很多缺点。很多婚姻并没有缺憾，缺憾的是你没有欣赏婚姻的心态和眼睛。对于老婆，你更要去发现她的美、放大她的美。

应该庆幸，没在最美的时刻相遇

回首往事的时候，想起那些如流星般划过生命的爱情，我们常常会把彼此的错过归咎为缘分。其实说到底，缘分是那么虚幻抽象的一个概念，真正影响我们的，往往就是那一时三刻相遇与相爱的时机。男女之间的交往，充满了犹疑、忐忑与欲言又止的矜持。一个小小的变化，就可以完全改变选择的方向。

假如彼此出现早一点，也许就不会和另一个人十指紧扣；又或者相遇得再晚一点，晚到两个人在各自的爱情经历中慢慢学会了包容与体谅、善待与妥协，也许走到一起的时候，就不会那么轻易地放弃，任性地转身，放走了爱情。

在你最美丽的时候，你遇见了谁？在你深爱一个人的时候，谁又会陪在你身边？爱情到底给了你多少时间去相遇与分离，去选择与后悔？

他和她认识的时候，都不那么年轻了，已经进入大龄青年的行列，是别人给他们介绍的。他们约在一家很有名的川菜馆门前见面。她简单地收拾了一下，提早去了几分钟。

没想到，他却迟到了。

来的竟然是个好看的男子，早已褪去了小男生的青涩和单薄，神情略显沉稳，衣服穿得很得体、很有品位。一见面，他就急忙道歉，说路上塞车，足足塞了 45 分钟，请她一定要原谅。

她笑着说，没关系的。暗自算了算，如果不塞车，他会比她早到一会的。

两个人就这样进了餐馆，找了靠窗的位置坐下。他把菜单递给她，让她想吃什么就点什么。

她还是笑，小声说：“我正减肥呢。”

他也笑，说：“不用啊，胖点儿怎么了？只要健康就好，再说，你也不算胖啊。”索性拿过菜单，也不看价格，招牌菜，一连点了好几个。

感觉得出来，他对她的印象不错。而她也是。

他时时处处照顾她的感受，体贴她，就好像体贴一个小女生，让她时时感受到被宠爱的温暖。

就这样，慢慢接近了。过了差不多半年的样子，他提出结婚，她点头同意了。她觉得自己终究还是个有福气的女子，在这样的年纪，还能遇到这样温和、体贴又英俊的他。

结婚前几天，他们的好朋友帮着他们收拾新家，有他和她单身时的一些物品，其中也包括各自的旧相册。大家翻出来看看，于是，看到了最年轻时候的他们。

那时候的他，那样英俊挺拔，穿着衬衣和牛仔裤，带着很酷的腕表，眼神里带着不羁的味道；而那时候的她，也是有那么一点点胖，但非常漂亮，眉目中满是清高、满是骄傲。

有朋友“呀”的一声，对他们说：“可惜你们没有早几年遇到，那时候才真的叫金童玉女。”

他笑了，她也跟着笑了，却没有说话。那一刻，他们心里都很明白，幸好他们没有早几年遇到。那时候的他，叛逆不羁，喜欢个性冷酷的瘦小女孩。而那时候的她，对男孩子更是格外挑剔，最容不得男人迟到……他们就是这样，因为挑剔，因为不够宽容，在最年轻的光阴里一再错过爱情。

真的不用遗憾，没有在最青春美貌时遇见。因为我们要的，终究不是那一场天崩地裂的爱恋，而是天长地久的温暖相伴。

人生感悟

世界上只有两种可以称为浪漫的情感，一种叫相濡以沫，另一种叫相忘于江湖。我们要做的是争取和最爱的人相濡以沫，和次爱的人相忘于江湖。也许不是不曾心动，不是没有可能，只是有缘无分、情深缘浅，我们爱在不对的时间。

错过了美丽也不必遗憾

人生中一些极美且珍贵的东西，常常与我们失之交臂，而这些逝去的美好会变成一把锋利的刀子，一刀一刀地在我们心上剜出血来！所以有人说，但凡世间好的事物其中都暗藏了一些遗憾。生活中有一种痛苦叫错过，这是最深刻的痛苦。

其实有缘无分固然使人惆怅不已，却也使人回首时看到的是满地繁花，而不是寂寂荒芜！岁月会把拥有变为失去，也会把失去变为拥有：你当年所拥有的，可能今天正在失去；当年未得到的，可能远不如今天你正拥有的。有时候的错过正是今后拥有的起点，而有时的拥有恰恰是今后失去的理由。

曾经的爱，人们总想让它成为永远。过了许多年，才发现它已渐渐消逝了。于是渐渐懂得原来握在手里的，不一定就是我们真正拥有的；我们所拥有的，也不一定就是我们真正刻骨铭心的！

是的，爱情是美好的，每个人都曾对它心生美好期望。可是，有时候期望和现实是有距离的。男人有自己对爱情的期待，女人也有对爱情的美好想象。

可是，往往期待与想像交错而过。这就是现实，这就是“冷酷”的爱情现实！所以，人们才常常会有“有些事情，已经在不知不觉中落幕”、“即便拉过手指，说过一百年不变，却始终敌不过现实的残酷”之类的感叹……

人越长大越明白，爱情这东西，又怎能仅靠两个人的能力维系？要知道，这世界有太多太多不可测的事情了。

爱情，需要一点缘分，需要一些心动，需要一点点外力。而有时，外力却又是那么强大，强大到可以摧毁一份以为永不言弃的爱情，也可以生生造就一段旷世奇缘。

有一个叫巴地的人，每次与人起争执生气的时候，就以很快的速度跑回家去，绕着自己的房子和土地跑三圈。因为巴地工作非常勤奋努力，他的房子越来越大，土地也越来越广，但不管房、地有多大，只要与人争执生气，他还是会绕着房子和土地绕三圈。

巴地为何每次生气都围着房子和土地跑三圈？所有认识他的人，心里都有这个疑惑，但是不管怎么问，巴地都不愿意说明。直到有一天，巴地已经很老了，他的地也已经很广大了，但他一生气，还是会拄着拐杖艰难地绕着土地和房子走，等他好不容易走完三圈，太阳都下山了。于是，他的孙子恳求他：“爷爷，您已经这么大年纪了，这附近没有谁的土地比您的更广大，您不能再像从前那样，一生气就绕着房、地跑啊！您可不可以告诉我这个秘密，为什么您一生气就要绕着房、地跑上三圈？”

巴地禁不起孙子的恳求，终于说出隐藏在心中多年的秘密，“年轻时，我一和人吵架、争论、生气，就绕着房、地跑三圈，边跑边想，我的房子这么小，土地这么少，我哪有时间、哪有资格去跟人家生气，一想到这里，气就消了，于是就把所有时间用来努力工作。”

“可是，爷爷，您现在年纪大，又变成最富有的人，为什么还要绕着房、地跑？”

巴地笑着说：“我现在还是会生气，生气时绕着房、地走三圈，边走边想，我的房子这么大，土地这么多，我又何必跟人计较呢？一想到这，气就消了。”

也许，人性本贪婪，总想拥有所有的美好！但在人生的旅途中，我们的视野毕竟有限。如果不肯错过眼前的一些景色，那么可能错过的就是前方更迷人的景色。只有那些“智者”、那些“善于舍弃”的人，才会欣赏到真正的美景。

错过了这处的美丽，收获的并不一定是遗憾，有时甚至可能是圆满！告诉自己：有些美丽是不得不错过的，而有些美丽则需要你去错过。不过，有时候，错过需要勇气，也需要智慧！

对没有拥有的美好，我们一直在苦苦地向往与追求。为了获得，我们终日忙忙碌碌。其实自己真正所需要的，往往要在经历许多后才会明白，甚至穷尽一生也不会明白！为了强求一样东西而令自己的身心疲惫不堪，是很“不划算”的。得到了它，日子一久可能会发现其实它并不如我们想象中那么好。

人生感悟

错过的这份爱，诚如徐志摩所言，“得之，我幸；失之，我命”，强求不得。相信曾经痴情缠绵的感情，足以耗尽我们的深情和眼泪。十年和十个小时，其实并没有区别！错过的美丽，也不必遗憾！

虚荣只是表面的荣耀

中国有句古话叫做“有心栽花花不开，无意插柳柳成荫”。可有些人不免会产生疑问，难道用心做事情的做不成，南辕北辙的反而能把事情搞定？当然不是这个意思，这里讲的有心并不是说用心做事，而是说别有用心，不按照事情本身的发展规律做，所以花费很多力气却取得了完全相反的效果。

那么，是不是做所有的事情时都要担心这种情况出现呢？当然也不是，在学校里算算术题，1+1=2，很难算错，因为事情本身太简单，没有多少变数。现实中的事情就困难多了，事业、婚姻、爱情，几乎每件事都成为这句话的写照。在这里我只希望讲一讲如何才能不把事情办糟，这是每个做事情栽过跟头、闹过笑话的人都能讲出的道理的。

一个人很爱虚荣，没有那么大的贡献却希望获得那么大的荣耀，自然会违背规律，使自己陷入矛盾境地；而别人的荣耀摆在他面前，无论是通过什么方式获取，他因为自己爱虚荣，就会非常嫉妒；在嫉妒的基础上他希望改变现状，快速超越别人的荣耀，自然会选择最功利的手段……如果这样的做法没有带来甜头，他还可能反省自己的错误，而一旦尝到甜头，就可能一发不可收拾。

很久以前，在波罗国有一座深山。山上古木参天，奇花遍地，人迹罕至。只有潺潺的溪水和偶尔的鸟鸣声，才会打破这份寂静。

在这座深山里，住着一老一小两位仙人。老仙人是位得道者，面容清瘦，精神矍铄，雪白的眉须下，双目炯炯有神。小仙人虽然也希望能修得正果，却不愿像老仙人那样整天修炼，虚荣心特别强，但是没有多大的本事。

老仙人经过多年的苦心修炼，有了五种不可思议的神通力。老仙人到处寻访仙人，虚心求教，而别的仙人也常常赠给他一些仙果佳酿。从北方的邯郸国，老仙人带回了又香又软的大米；从阎浮国，他提来山上从没见过的瓜果。甚至有一天，老仙人飞上了天，寻访天上的仙人，回来时还带了一大堆天上的山珍海味。老仙人每次带回美味佳肴时，总要请小仙人共同品尝。

小仙人看到老仙人来去自如，很是威风，心里十分羡慕。有一天，他对老仙人说："师父，请您收我做徒弟吧，我想跟您学本事。"老仙人严肃地说："年轻人，我们仙人修身养性，学习神通力，不是为了自身的便利或是满足个人的虚荣心。如果你学习神通力是为了造福于人，那么你将会如愿以偿；相反，则会荼毒人间，造成危害！"

听了老仙人的一番话，小仙人不再吭声了。但是过了些日子，他又看到老仙人带回了许多好吃的东西，就再也忍不住了，苦苦哀求道："师父，您教教我吧，我保证一定听您的话，用心修道，我不是因为虚荣心才要学习的，而是为了福泽世人，我绝不会做坏事的。"

看着小仙人一脸的诚恳，经不住他三番五次的请求，老仙人终于答应把五种神通力传授给他。小仙人费了好大功夫，总算把神通力学到了手。

小仙人学会了五种神通力后，便忍耐不住山上的寂寞，总想到处炫耀一番，可在这个连一个人影都看不到的深山老林里，他怎么可能听到别人的赞扬声呢？

于是有一天，小仙人偷偷地下了山，来到城里。

热闹的街道上满是熙熙攘攘的人群，只见一个年轻人拔地而起，腾云驾雾，大家都看呆了。人们围拢来赞不绝口："这个年轻人真不简单，本领可真大啊！"听着大伙儿的一片赞扬声，小仙人不禁洋洋得意起来，于是他使出了各种神通力展示给众人看。

虚荣的小仙人自此常常下山，在男女老幼面前表演神通力，不久便名声大震。

一次，小仙人正在卖力表演时，不巧被老仙人撞见了。老仙人沉下脸来说道："年轻人，若是心术不正，总有一天你会丧失神通力的。"

可是小仙人对老仙人的好言相劝充耳不闻，反而以为老仙人故意让他在众人面前出丑，便到处诽谤老仙人，说老仙人是嫉妒他的本事，见不得年轻人比自己强，等等。

流言传到老仙人耳里，他只是淡淡一笑，也不做任何辩解，因为他知道他的预言终有一日会变成现实。

果然，没过多久，小仙人在一次表演中，竟然失足跌了下来，众人哄堂大笑。他试图再次拔地而起，却怎么也升不上天空了。小仙人不甘心在众人面前丢人现眼，便一遍遍地施展各种神通，得到的却总是众人嘲讽的笑声，原来他的神通力已经彻底消失了。

沮丧的小仙人这才懊悔不该把老仙人的忠告当成耳边风，可是一切都已经晚了，他只能在众人的斥责声中灰溜溜地离去……

虚荣只是表面的荣耀、虚幻的美名而已，是人们过分追求美誉的膨胀，是一种轻浮，一种不真实。所以小仙人再怎么挖空心思地去博取掌声，最终也不能赢得世人的钦敬！

人生感悟

有一句话叫做："在围城外的人想进去，城里的人想出来，婚姻也罢，事业也罢，人生的愿望大都如此。"这是不是在讥笑世人在没有明确自己目的前就陷入了虚荣的轮回呢？

事实上，虚荣心是荣誉感的极端表现，嫉妒心是上进心的极端表现，功利心是事业心的极端表现，与之相对的极端是不知廉耻，不求上进，消极避世。传统文化中的"中庸"思想提醒我们，做事不要走极端。

缘尽时，请把爱留下

还是那个临街的咖啡屋，还是那个常坐的老地方，他和她相对而坐，轻柔的音乐在耳畔萦绕。

他和她相恋于大学四年级，一毕业便结婚了。起初的日子，还是有滋有味的，但渐渐地彼此身上的缺陷便全都暴露出来。于是，两个人开始不可避免地争吵，甚至有了短暂的家庭冷战。他们也曾冷静地坐下来，探讨如何弥补那愈来愈深的感情裂痕。

但终于有一天，他和她还是感到不能再继续维持二人世界了。两个人友好地协商了一番，互相礼让地分割了财产。然后，在一个飘着细细雨丝的午后，来到装饰得很有情调的"上岛咖啡屋"。

搅动手中的咖啡，他和她的心头掠过相识相爱几年来的风风雨雨，长长的沉默中，似乎所有的恩恩怨怨都溶入了那飘着温馨的咖啡中。

她开口了——叮嘱他晚上写作不要熬得太晚，在电脑前不要一坐就是几个小时，还说他的肝脏不大好，注意饮食别对付了，还要经常到室外锻炼锻炼，说他那不爱运动的坏习惯，真得改一改了。

平素他总嫌她的唠叨，可这会儿他却微笑着一一答应了。

接着，他开始提醒她——一个年轻而美丽的女人，驰骋在风云变幻的商场上，需要智慧，需要多加小心，要警惕那些花心的男人。

以往他没少说这类话，她总认为那是他书生气十足的偏激之词，从未往心里去。此刻她却感受到了一缕真切的关怀，感激地点点头。

一支熟稔的老歌响起来，她提议他朗诵一首诗吧，因为在大学念书时，他的诗写得很棒，她是因崇拜而跟他走到一起的。

他说这年头已经很少有人喜欢诗歌了，但诗意的生活相信很多人都非常向往。于是，他开始很有感情地朗诵起他那首广为传抄的代表作《想起朋友》。

《想起朋友》朗诵完了，他和她从此也就变成朋友了。

走出咖啡屋，淅淅沥沥的雨迎面扑来。他一句“还是送送你吧”，让她像初恋时一样，同他并肩在雨中徐徐而行。

到了她的父母家的楼前，两个人握手，互道一声“珍重”，彼此转过身去。但走了很远很远，他蓦然回首，她还站在那里望着他。

再后来，他和她各自又分别组成了新的家庭，据说过得都不错。

平时看惯了昔日恩爱夫妻，一旦分手时总要或争、或吵、或打、或缠，一副生死对头、不共戴天的冤家模样，直慨叹他们既然能夫妻一场，怎么就不能在分手时彼此少一份伤害、多一份关爱呢？

而今再看他和她近乎浪漫的分手，不由怦然心动——既然相识相知相爱皆是缘，那么，缘尽时，最好别忘了把爱留下。留下爱，就会留下对往昔美好的珍视，就会留下对明天簇新的憧憬，就会让今天多一缕真情、多一缕温馨……

人生感悟

好合好散，是每对成熟的男女都想要的境界。但是到底怎样才能好合好散？冷冷地各走各的，就是好合好散吗？

伤害了对方，对方在愤怒之下也伤害了自己，然后说，哦，我们扯平了，现在我们好合好散吧。然后冷冷地避开，不再有任何的问候、联系，这就是好合好散吗？恐怕也未必吧。

丁香梅

快结婚了。他陪她去选首饰，一间一间的店走过来，一方一方的柜台看过去，蓦然间，她如遭电击，目光定格，手扶玻璃，生生要将台面按碎的样子。他惊讶地问："怎么？喜欢什么就买下吧。"她急急指点小姐将柜台里的一对耳饰取出："就是那个，对，那个，链子上垂着一只丁香花的。"

上午他们已经选了一套项链耳环，白金，镶嵌蓝宝石，配着她白皙的皮肤，端庄优雅，一看就是好人妻。而这副耳环不过是银饰品，百余元而已。但好在做工精细，一弯月钩上垂一线银丝，坠着一只银造的丁香花，若戴在娇小玲珑的耳上，一摇一荡，十足的江南韵味。她并不试戴，却急忙地摊在掌心里审视，看到了丁香花心镂刻成一朵五瓣梅花，外层是丁香花萼……

他凑近来看，也赞叹说："看起来蛮精致，买下吧。"说着便让小姐开票。她牢牢地攥住那一对耳环，神色似悲似喜，小姐连唤几次，才从她手里要回耳环包装起来。他要去付钱，她决然止住他，自己走向收银台。

他说："我们去选戒指吧。"她恹恹地摆摆手："我忽然想起来，还有件事要办，明天再买吧。"一回到家，她便取出发票、产品回执单，找了银饰品的厂家电话号码，打过去。

"我要找一对耳环的设计师。"对方的客户服务中心吃了一惊，这还是第一次有人提出这样的要求。

被婉拒之后，她索性搭了飞机，一直赶到那厂，拿着耳环，一定要找到耳环的设计者。厂家生怕是对手公司挖角或者是别的什么诡计，坚持不透露设计师的姓名。

她急了，在接待室里一屋子陈列的银饰中落下泪来："七年前他离开我的时候，唯一的约定就是，有一天他如果成功，会为我制作一对耳环，把我的名字做成首饰。”

她取出自己的身份证，名字竟是：丁香梅。青梅竹马的爱人因为家境贫困辍学，去浙江学金饰打造手艺，与她分别。两人都知道，以后的境遇会落差越来越大，再见已经无期。心有不甘，男孩子安慰女孩子说：“我不会只做一个普通的金银匠，有天我会成为首饰设计师。如果有天我能成为设计师，我第一件饰品就是打造一朵丁香梅，把你的名字嵌进去。”

她念了大学，离开家乡。而他辗转各地，两人的音信在4年前已经断绝。有时她经过南方小镇，看到街头巷尾挂着“金”字标志的小店铺，总要忍不住进去看上一看，盼望那工作台后能抬起一张熟悉的脸。听她说完往事，接待小姐站起来，出去打了几个电话。小姐回来告诉她，设计师一会儿就来。

片刻之后，设计师终于出现了。她只看了一眼，一颗头就失望地垂了下去。那已经是个40出头的中年男人。她拿起手袋，忍着泪告辞。设计师却突然叫住她：“这个设计，应该是你的爱人为你铸造的。因为最初的构思，是我在火车上听来的。”她愕然。

设计师说：“前年我在出差路上，碰到一个年轻人，听说我是首饰设计师，他很感慨地告诉我，他差点也成为设计师，他一直梦想设计一副丁香和梅花形的耳环，来纪念一个叫丁香梅的女孩。”她的泪水一下冲出眼眶：“他看起来还好吗？”

设计师点点头：“很好呢，他似乎一直在做服装生意，很有钱的样子，是陪新婚妻子去旅游的。算起来，也该有孩子了吧。”她的脸黯淡了一瞬，手掌握紧了那对耳环。

她离去之后，接待小姐忍不住问设计师：“这个设计真的是从火车上听来的吗？”

年逾不惑的设计师微笑不语。

她且悲且喜地回到自己的城市。未婚夫已经在她的屋子里等得发昏，一见面就叫起来：“失踪了3天！你要把人吓死啊！”

听着这声音，看他惶急的脸，她竟觉出一缕温暖。

他恨恨地说：“戒指没等你回来再挑，我挑好了！不满意就算了！”掏出小盒，塞到她手里。

她笑着打开，柔柔地说：“款式是什么都已经不重要了。”低头一看，愣住，泪水再次模糊了眼睛：一只白金指环状若花茎环绕，接点处是一朵丁香，花心里以碎钻环成梅花心，衬托出中间的美钻。

人生感悟

很多人都说，得不到和已失去才是最美丽的。但事实往往是：陪在身边的才是最美丽的。不管曾经多么难忘，那都是过去，那只是过去。

当爱情变成生活的时候，我们没有那么多的激情可供挥霍，没有那么多的真情可供胡闹。保持一颗淡定的心，身边的淡淡的幸福值得你一辈子去呵护。

被遗忘了的野百合

“我以为爱情可以克服一切，谁知道她有时毫无力量。我以为爱情可以填满人生的遗憾，然而，制造更多遗憾的，却偏偏是爱情。阴晴圆缺，在一段爱情中不断重演。换一个人，都不会天色常蓝。”张小娴如是说。

17岁时，那是情窦初开，对一切充满无限憧憬与期待的年龄。17岁的雨季，他去一个边远的省份上高中，是因为那里的高考分数线比北京低得多。作为高考大移民中的一员，他待在那里的时间只不过一年而已。

边远的小城是荒凉而孤寂的，甚至让他感受到了与世隔绝。和偌大的北京城相比，这里的一切显得那样土气，甚至连人们说话的口音也那么难听，可他却不知道，他清秀的外表和好听的普通话从他来的那一刻起就一直吸引着一个女孩。

那是一个当地的女孩，脸色黑里透着红，健康而又美丽，有着羞涩的笑容。她见到他，总是低下头，飞快地躲开他的眼神。他心中得意着，因为知道她对他的喜欢。

因为学习比她好，况且将来要回北京上学，他的目标就是北大，所以，他怎么会把这样一个平常的女孩子放在眼里。

忽然有一天，他的书桌上有淡淡的香气散出来。他打开书桌，看到书里夹了一朵花。他不知道那叫什么花，白色的，淡淡的清香。转瞬，他就明白是谁做的了。

再见到她的时候，他拦住了她。这次，她的心跳到了嗓子眼边，甚至连呼吸都不均匀了。他更加得意地看着她，然后对她说：“能告诉我那是什么花吗？”

“野百合。”她低着头，摆弄着衣角。

“对不起，我不喜欢这种花。”说完他就走了，头也没有回。

而身后的她泪如雨下，一个女孩子的第一次啊。何况，她又没有要求他如何，她只是想在这如花的季节里，能和他一起度过高考来临的那段日子。

高考很快来临了，他虽然没有考上北大，最终却回到了北京，而她则名落孙山。

从那以后，他再也没有听说过她的消息。原本，她在他心中就是一丝丝涟漪，风停了，涟漪也就散去了。那朵被他看也没看的野百合，也许在家乡早就结婚生子了呢。几年以后，他去一家合资企业应聘，却看到台上笑吟吟的她，美丽得如同一只天鹅，长长的头发披肩而落。他以为是长相类似的人，再看名字，果然是她，上面写着人力资源部经理——马艳莉。

他呆住了，她，一个没有考上大学的女孩子怎么会来北京，而且做了大公司的高层管理人员？

她也看到了他，招聘会散了的时候，他再次拦住她：“真的是你？”

她笑得很灿烂，像一朵百合：“是从认识你开始，我才明白了一件事，一朵花要为自己找到春天才会让别人注意到，第二年我复读了，然后考到了北京来，直到念完研究生，直到自己由丑小鸭变成白天鹅。”

他的心里浮上淡淡的悔意，但是一切已经改变，正如俗话说的：三十年河东三十年河西，她不再是等待他定夺的黑黑小女子了，而是他等待她定夺的一个主管了。

说话间有一个男人开了很气派的奔驰车过来，然后为她打开了车门。他走开了，其实他已经被公司录取了，但是为了自己的自尊和面子，他没有来新单位。

野百合也会有春天，可惜有人错过了。人生没有后悔药，没有第二次选择的机会。勇往直前吧，不要因为错过了流星就丧失了对生活的勇气。珍惜在一起的日子，或许某天回忆起来，也是另一片美丽的春天！

人生感悟

很多时候，我们都忘记了去缅怀人生路上的一些遗憾，许多人已经变得世故与麻木，他们忘记了曾经拥有过却不曾珍爱过的往事。我倒希望这些人能看一看这部让人捧腹狂笑的经典搞笑片《大话西游》，希望在你一番无厘头的爆笑过后，那滴珍藏在你心中已经很久的眼泪会在一个瞬间里涌出来，麻木的你或许从此会多了那么一份对人生的感悟！

谁都不是谁的“一半”

相爱的人喜欢说的话就是：你属于我，我属于你；或者你是我的一半，我是你的一半。这爱的语言表达了彼此的情感，也埋下了悲剧的种子。

许多相爱的人感情破裂时都爱说，性格不同，兴趣不一，志向相异。其实这就是“一半”理念在作怪。为什么非要相合、同一呢？世界上没有两片相同的树叶，也没有两片相同的雪花，难道会有两个相同的人吗？

他们不是互相欣赏，而是互相改造；不是互相尊重，而是互相占有。于是爱情变味了，离异也就自然了。记得一本书中这样写道，情侣之间产生争执的原因，是他们把爱当成了一把雕刻刀，时时刻刻都想用这把刀把对方雕塑的符合自己心中的理想。其实我们只要稍微留心一下身边的生活，就会发现，许多人手中都持有这样一把刀，按照“你是我的一半”原则，在精心雕刻着自己所爱的人，可有谁愿意被雕刻成一个失去自我的人呢？于是，个性不合、兴趣不一就成了刀下的成品，其结局自然就是分手了。其实，我们应该明白，每个人都是完整的人，有自己独特的“兴趣”和“个性”，都是一件很有风格的艺术品，而不是等待雕刻的“石头”或“泥土”。

刘白是一位公务员的妻子。她丈夫有着超强的敬业精神和工作效率，不仅家庭出身比较优越，还具备刘德华般的英俊相貌。不难想象，这样一位出色男人一定备受女人的青睐。然而，他却始终如一地爱着刘白。“丈夫是我永远的情人。”刘白这样跟朋友说。婚姻20载，他们依然有着初恋般的激情。

刘白即使在家，也要修饰得赏心悦目。每天丈夫出门前，她都要带着微笑送他到门口，丈夫每天总要回应她一个热烈的拥抱。丈夫每天归来时，只要刘白在家,她都会立刻起身跑到楼下亲自给丈夫开门。有个朋友曾奇怪地问她:“你们家有保姆，你为什么还要亲自开门呢？”她回答说：“我愿意看到他平安进门的一刹那。我更希望他在进家门的第一时间，感受到家庭的温馨。”难怪刘白的丈夫工作之余，任何应酬都不愿意参加。他如果连续加班几天，哪怕只有一个小时，也会抽空回家看看。

刘白是军干，如果能全力以赴去打拼，肯定会有不俗的业绩。但她认为，一个家庭必须有一个人乐于奉献，家庭和谐才会有社会大家庭的和谐。她一直认为丈夫更多的精力是属于社会和事业的，所以她甘做丈夫的配角。而自己却放弃很多次被提拔的机会，一人承担起照顾老人和教育孩子的重任，甚至装修房子等大事她都能独自完成。不仅如此，生活里，刘白还像保健医生，照顾着丈夫的饮食起居。在丈夫回家吃饭的日子里，她会支开保姆，亲自下厨为丈夫做滋补汤和可口的饭菜。丈夫从来不会主动吃水果，刘白便把水果切好，用叉子亲自喂到他的嘴里，让他美美地享受温馨一刻。丈夫工作陷入困境时，她会适时送上专业按摩为他缓解压力。每当丈夫经手的一个项目顺利完成，可以抽空休息时，刘白便会让丈夫足足地睡够，然后陪同他爬山、打球。曾经有人说刘白这样太累，而她却回答：“这一切源自爱和被爱，心中有了爱，做任何事情都是一种享受。”

刘白虽然很爱丈夫，但她没有失去自我，她在自己的工作岗位上尽职尽责，而且不断地继续学习。她能神奇地处理好家庭与事业的矛盾，每个月都能抽出时间，定期去健身美容和接受时尚元素。她有自己的交际圈和爱好。丈夫不在家的日子里，她依然能把生活打理得多姿多彩，人到中年的她依然是那么美丽迷人。当丈夫因加班工作住在办公室里时，有人会善意提醒刘白看紧丈夫，她回头一笑说：“任何人都不可能把他从我身边拉走，他是我最信任的男人。”

说真的，爱是一种欣赏，而不是占有和改造。其实，这道理很简单，当你欣赏一件艺术珍品，一首美妙的乐曲，一篇优美的文章或一幅让人沉醉的山水画卷时，你一定整个心都陶醉了。爱情也一样，双方都互相欣赏，就会沉浸在无限的幸福快乐之中。而占有或改造式的爱情只会给对方带来枷锁和痛苦，谁愿意要牢笼般的爱情和手持雕刻刀的爱人呢？

人生感悟

爱情应该像阳光一样时刻围绕着你，让你感到温暖和光明，却不是约束你。我想这才是爱情本来的面目。别再说你属于我，我属于你，我不是一半，你也不是一半，我们都是完整的人。我们需要友谊和爱情，却不需要牢笼和枷锁。我们需要人生路上的同行者，谈笑风生地走过时而平坦，时而坎坷的人生之路，登上风光秀美的人生之巅，共同创造美好而有意义的生活。

牵手情，放手爱

爱情，一个永恒的话题。爱情是两种性格和涵养的互补、磨合——于平淡和危难中相守！爱情的结合不是康庄大道，平坦的前面还有一段迷茫的森林，只有齐心协力、互相扶持才能走向幸福的终点。

曾经听说过这样一个故事：说是上个世纪60年代，一个男人和一个女人，都是知识分子，经别人介绍，他们结了婚。在那个年代，很少有先恋爱、再结婚的，何况年轻的时候，容易盲目，盲目地结婚，盲目地生孩子，盲目地过完一辈子。

他们也一样，生了三个孩子，一直在吵架，一直在打闹，闹了很多次离婚，也分居了很多次。后来，一个孩子说：“如果你们再闹，我就自杀。”

他们不再闹了，那时，他们只有30出头，于是，他们有了一个约定，等到60岁时，孩子们长大了，他们也该退休了，一定要找到自己的爱情和生活。

这是两个人的秘密，没有和任何人提起过。

男人喜欢沉稳安静的女人，陪他在一起听戏、聊天，他不喜欢张扬的女人。

女人喜欢热闹，觉得像男人那样活一辈子，太委屈自己，至少他不是她的意中人。

60岁这年，他们都已退休，接着办好离婚手续。此时，儿女们全在国外。

好多人笑话他们："60岁的人了，离什么婚呀，这不是有病吗？"

他们平静地分手，所有的财产一分为二，男人搬到乡下。他早就有一个梦想，在有山有水的地方，盖两间小屋，种点小菜、小花，喝点小酒，听点小戏，过一过门前种花、屋后种树的生活。再有一个温柔的女人，那就更好，他的要求不多。

女人也不愿意住在郊区，她搬到城市最热闹的地方，离超市五分钟，方便；离广场三分钟，方便；离街心公园十分钟，方便，而且到处是人，多热闹。

一年后，他们找到各自的老伴儿。

男人找的老伴，是村里的一个老太太，不好看，没文化，老头在前两年死了，她一个人过，也爱种种花、养养猫啊狗的。一来二去，两个人结婚了，一起种点小菜，听听戏。老太太话不多，特别温柔，男人说什么就是什么。两个人一起散步，女人跟在后面，他说什么，她就说"嗯"。男人想，这一辈子，自己就想要这么一个女人，多好呀。

女人也结婚了，找了一个早晨在广场上跳舞认识的男人。他是老留学生，作风洋派，一看这个女人，就觉得有意思，活得多自在啊，热闹。热闹就是生活啊，他也单身，一个人生活多年，就喜欢热闹，在午后凑个场子，四五个人，再打打麻将，多么美妙的生活啊。

他和她都觉得幸福无比。

有人说，看那个男人多没品位，怎么找了一个乡下老太太？男人不解释。因为这个乡下老太太不漂亮、不风情，可是，她是他心灵的港湾，明白他、懂得他，在世上，还有比懂得更重要的事情么？

他们像朋友一样走动起来。

女人说："多亏我们离婚了，现在我们多好，否则，就是对方的监狱。"

男人说："离了婚我才知道，原来，我想过这样的一种生活。"

这是另一种爱情。他们懂得，放手才是爱对方，才是让对方幸福的唯一出路。爱一个人，给他自由，这比什么都重要。

爱到痛了，痛到哭了，于是选择了放手。放手是一种无奈的绝望，痛彻心扉。

用力地握握手，真诚地说一声：“再见，珍重！”转过头，洒脱地走掉，让背影深深地烙刻在对方的脑海里。当你能够用释然的心态去回忆你们曾经的点点滴滴时，你就可以体会到放手后的美丽。

人生感悟

人的感情也是有底线的，与其苦苦等待不可能有的结果，还不如放弃呢！放弃也是一种爱！这是爱一个人的最高境界。要给你爱的人以自由，也要给你不爱的人以自由。

因为爱他，所以离开他。很感人的一句话。有些感情如此直接和残酷，容不下任何迂回曲折的温暖。带着温暖的心情离开，要比苍白的真相要好。

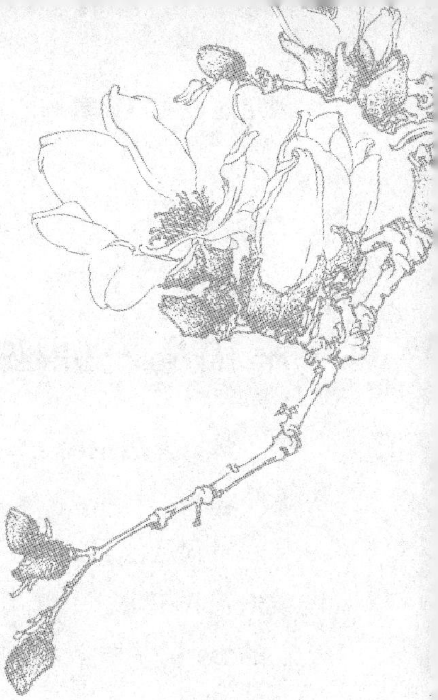

【辑五】
幸福就是活在当下

幸福，不是金山银山，不是大鱼大肉，不是前呼后拥。幸福是每一个微小的生活愿望达成。当你想吃的时候有得吃，想被爱的时候有人来爱你。

幸福其实就在你的身边，你的家人身体健康，你的孩子成绩优良，你们今天衣食无忧，晚上能够平安回到家中，这就是幸福。幸福就是活在当下，用冲淡平和的心态看待周围的一切。

幸福是一种秘密

林语堂先生说："不管在什么情况下，幸福都是一种秘密"。这句话，确实意味深长。

幸福是什么？在许多人眼中，或曰位高权重，或曰家财万贯，或曰金屋藏娇，或曰锦衣玉食……其实，幸福是每个人自己的切身感受。鞋子的大小，只有自己的脚知道。别人所不知的，当然就是秘密了。

幸福是一种心境，是一种个人体味。一个富翁，可能无聊空虚得直感叹"穷得只有钱了"；一个春风得意的人，也会因诸多"不可兼得"而直喊"活得好累"；那些对生活灰心失望者，即使整日披金戴银、美味佳肴地过清闲日子，也常感叹"活得真没意思"；整日里红粉相依、情场得意者，也会叫嚷"烦死了，别理我"……这些人无一例外地有幸福的环境，却不一定有幸福的感觉。

难怪有一位学者说："幸福和幸福感不是一回事。"浑身臭汗，小腿肚子青筋鼓暴的挑夫，歇肩于山间松林，饮一口白酒，嚼几粒花生米，草帽扇凉风，优哉游哉，幸福溢于眼角眉梢。

乡村教师，身居陋室。然明月窗下，一卷在手，神游八极，同古今名士交谈，赏妙笔佳句如饮醇醪，其乐融融，谁能知晓？

法国哲学家、文学家萨特是一个智慧的人，他长年住在一间极其简陋的房间里，写出了浩如烟海的文字。这些文字代表着法兰西的自由精神。萨特有无数的财富，但是，他从来没有意识到自己可以用钱，改善一下自己的住处。

萨特一生活在自己的世界中，政治、权贵、战争，都影响不了他。他为自己丰富而高贵的精神世界活着。萨特死后，成千上万的巴黎市民为他送葬。人们说："天空中一颗智慧之星陨落了。"

也许你做不到萨特的这一点。

但是，你却可以守住你的淡定。什么叫淡定？淡定就是你的淡然，你的超脱，你的看破。

有一个女人，人到中年，她一直沉浸在一段失败婚姻的隐隐苦痛中。在一次医疗检查中，在她身体里发现了一个肿瘤，医生怀疑是恶性的。她如雷轰顶。

在等待最后结果的一个晚上，她睡不着觉，起床来到客厅里，看到客厅里放着许多家具、音响。她坐在客厅的沙发上，看着这些陪伴她多年的东西，心境突然平静下来。她想，如果自己不在了，这些东西应该赠送给她的朋友、家人。她在心里为这些东西确定了新主人。

当这一切做完后，她觉得自己放松了，一切都无牵无挂。

几天后，医生告诉她，这是一个良性肿瘤，对身体无妨。

这个人就是歌星蔡琴。她说，那晚的经历对自己影响很大。她明白，一个人为什么来到这个世界，一个人又该怎样活在这个世界，身外的一切都是不重要的，重要的是自己的身体，是自己的精神，是自己平静而充实的生活。

钱钟书曾说："一切快乐的享受都是属于精神的"，"精神的炼金术能使肉体的痛苦都变成快乐的资料。"于是，有了"采菊东篱下，悠然见南山"的陶渊明；有了"一箪食，一瓢饮而不改其乐"的颜回……

幸福不与财富、地位、声望同步，它总是钟情于所有心地纯洁的人。对于念小学的儿童来说，幸福就是半个小时的动画片。不论是富豪的儿子还是穷人的娃娃，那笑脸都是一样的灿烂；对于饥寒交迫的旅人来说，不论你是养尊处优的高官，还是终日劳碌的耕夫，半碗稀饭，一块烤红薯就足以令其眉开眼笑。

幸福的意义原来随生存的环境而变，所以，古往今来的智者，皆懂得以不变应万变来保全自身的幸福。"不变"，在这里就是不贪，不奢，不乱方寸，不忘根本。对任何事物持一个通达、明智的态度，守住做人的准则，守住心灵的贞洁，从而真正达到"淡泊明志，宁静致远"的境界。

出生于贫苦农民家庭的胡长清，青年时代坐拖拉机进城乐得合不拢嘴，当上副省长后却非名车不坐，他一变，幸福就离他远了；身为北京市副市长的李润五，当老百姓时骑自行车，当大官后还骑自行车，他不变，幸福就常留心中。

幸福确实是一种秘密，愈体味愈觉得其妙无穷。

人生感悟

所谓幸福，其实就是那种带来灵魂充实与喜悦的秘密，像草丛中一朵悄悄开放的小花，清风明月之下，不经意闻到一股人生的清香。

幸福是一种秘密。没错，而且是一种很容易发现的秘密。只要我们善于变换人生的视角，那闪闪发光的秘密，便会跃然纸上。

笑把苦难当乐趣

在这个世上,每个人都像一阵风般飘过。我们走过无数的路,渡过太多的河,跨过许多桥，搬过几次家，还住过很多地方。我们曾和爱人卿卿我我，跟家人亲密相处，同朋友互诉衷肠，与一些人打过几次友善的或不愉快的交道，与道上那些擦肩而过的人一生只见一次面。

面对我们周遭的万千变化，你能否挺住？我们看到陶渊明一直在抵抗。在他生命的从容淡然之下，有一种壮怀激烈的不舍。这个有血有肉的中年汉子，他的真性情，让我们不能不为之动容。

陶渊明是美国教材中入选的三个中国人之一。他入选的理由是：上流生活，出污泥而不染。美国人认为陶渊明不是一个一般的中国农民，他能接触士大夫阶层的人，在一起饮酒作诗，却不参与时政。他的作品反映了他简单的田园生活理想，甚至把这种生活美化成世外桃源。美国学者想告诉学生，中国魏晋南北朝时世风日下，陶渊明与众不同，保持超脱与自然的生活习性和人的本性追求。

“仁者乐山山如画，智者乐水水无涯。从从容容一杯酒，平平淡淡一杯茶。”东晋时期的陶渊明追求的是一种淡定从容的生活。

梁启超评价陶渊明时曾经说，“自然界是他爱恋的伴侣，常常对着他笑”。确如其言，陶渊明在自然与哲理之间打开了一条通道，在生活的困苦与自然的旨趣之间达到了一种和解。连最平凡的农村生活景象在他的笔下也显示出了一种无穷的意味深长的美。

陶渊明，字元亮。晚年时更名为潜，私谥靖节。东晋浔阳柴桑人——就是现在的江西九江。曾祖陶侃做过晋朝的大司马，封长沙郡公。祖父、父亲都做过太守。但在陶渊明的少年时代，家族的显赫已经成为历史。有时候日常生活所需也出现危机。

陶渊明年轻时徘徊于仕与隐之间。在那个年代，做官是所有文人的入世之道，正所谓学而优则仕。然而看样子陶渊明是不大喜欢做官的。29 岁那年，他做过江州祭酒的小官，但很快就“不堪吏职”辞职不干了。此后一直在家隐居，直到中年后迫于生计，又一度出门任职。当他在做彭泽令的时候，他因不想“束带”去见督邮，说了句“我岂能为五斗米折腰向乡里小儿！”然后又辞官归隐了。这一次是真正地归隐田园，再也没有出来做官。

从他的事迹中，可以看出他是个生性热爱自然、不喜拘束的人。正如他在《归田园居》中写道：少无适俗韵，性本爱丘山。误落尘网中，一去三十年。这样的人让他去做官，每天逢场作戏官场酬酢，一定是难受得很。当他真正抛弃了所谓的“功名利禄”之后，一个无限舒展的世界向他敞开了。从他的诗里，我们就可以看出来，他的精神世界迈向了另一个层次：种豆南山下，草盛豆苗稀。晨兴理荒秽，带月荷锄归。随口念来，让人心向往之。

东晋是乱世之末，又是佛教风行、崇尚名士风度的时代，因此，才会造就出陶渊明这样超越世俗的田园诗人。唐以来的许多大诗人，像李白、杜甫、白居易、苏轼、陆游，都是非常推崇陶渊明的，在艺术创作和人生态度上也深受其影响。陶渊明的诗文代表了关于“人的觉醒”的主题，也就是说，人不光要有物质生活，精神生活也非常重要。当我们再次念到“采菊东篱下，悠然见南山”这样的诗句时，便感到了一种来自灵魂深处的自由与舒展。

人生感悟

“采菊东篱下，悠然见南山”。只有像陶渊明这样淡定、豁达的人才可能做到。

对于那些崇尚自由洒脱的人来说，酒是解脱的最好方式。无论积极入世，还是消极出世，都不如一杯酒来得自在洒脱。不喝酒的人未免无趣，酗酒的人固然伤身，及时行乐就在眼前，你选择成为哪一种人？

给心灵穿上温暖的衣裳

人生的旅途就是这样，会面临荆棘，也会遭遇坎坷。给自己的心灵穿上温暖的衣裳，让困惑无助的你排除心灵上的困扰，让迷失方向的你找到人生的指路明灯，让流言飞语包裹的你看到心灵的力量。

1996年，在东北乡下一个简易的乡村秧歌队里，他们不期而遇了。不久后，两个人便成了乡村舞台上最默契的搭档。他们唱人们熟悉的二人转，她是俊俏的小媳妇，他是潇洒的大丈夫。她围着他转，扇子飞舞，长辫轻摆；他跟着她唱，嗓音清朗，温柔典雅。两人目光交接，如水如电，回味悠长。

时间见证了这一切，他们就那样相爱了。1997年的冬天，在东北一个小村庄，在远离村子的稻田边上，在一间临时建起的土坯房里，她做了他的新娘。

那一年，他27岁，英俊，帅气；她58岁，瘦弱，苍老。这一对在世人眼中不伦不类的夫妻，在此后的9年里，受尽了世人种种的非难和折磨。他们被各自的家人逐出家门，无家可归。东北的冬天，寒冷而刺骨，他们就在自己的农田里，用一张薄薄的塑料袋做被子，相互拥抱着取暖。他们像燕子一样，一点点捡砖拾瓦，终于盖起了一间小小的房子，却是真正的家徒四壁，没有一件像样的家具，没有电，喝水要到一公里外的村子里去挑，甚至没有吃的，根本没法吃饱，靠去别人收割过的稻田里捡遗落下的稻穗度日……家里唯一值钱的东西是一台小收音机。每天干完活后，两人就一起听收音机。就这样一间简陋的屋子，也被人一把大火烧得干干净净。他为了补贴家用，将一段废弃的电缆卖了，不想竟惹祸上身，被劳教一年。她一个人，愈像雨中飘零的萍，无着无落，无依无靠。没有人肯借给她钱，他的家里人不断地来找她麻烦，抢走她赖以糊口的粮食，还威胁要拆她的房子……

但是，这一切的艰难都不能拆散他们。他把这个大他32岁的女人，当成了手心里的宝，倍加呵护。他用打工赚来的钱，给她买漂亮的衣服；她爱吃的东西，多贵他都舍得买；她生气时，他会唱歌哄她；他甚至送她去整容，去掉她脸上沟壑般的皱纹。面对所有人的反对，他只说：只要我一个人疼你就够了。

他就这样,疼了她10年。10年,多少我们眼里门当户对的美满姻缘曲终人散,多少才子佳人的配对分道扬镳,可他们,在亲人反目、生存极其艰辛之下,仍然坚定地爱着、疼着、幸福着。

她叫马玉琴,他叫李玉成。那天,在电视直播现场,他的左臂始终揽着她瘦弱的肩,右手紧紧握着她的手,他温柔的目光一直追随着她的脸。那目光里盛着一种刻骨铭心的东西,是所有爱过的人都明白的,叫爱情。

现场的观众提出一个很残酷的问题,说如果有一天,马玉琴老了离开人世,李玉成该怎么办?针对这个问题,他们给彼此写了答案,主持人当场宣读了。马玉琴说:你交给我的钱,我都给你攒起来了,等我死了,你再找个老伴吧。李玉成说:我以后不和你吵架,不惹你生气,我希望你能活100岁,那时我已经70岁了,就不需要找老伴儿了。

再坚韧的心,也会被一种柔软的情愫打动。很多年前,莎士比亚曾说过:我决不承认两颗真心的结合会有任何障碍,一切开脱之词都会让爱情蒙羞。多年以后的今天,她和他,这一对跨越世俗隔阂的爱人,用他们坚定的深爱的心,给这句话做了最好的注解——情比金坚。

只要有真爱在,年龄不是问题,相貌也不是问题,时间更不是问题。所以,只要是建立在情感基础上的婚姻,年龄确实不是问题。

人生感悟

幸福没有一种特定的模式,只能是一种相对的概念。对于大众而言,决不会有事先安排的道路,更不会有上天赐予的幸福。所有幸福的产生,皆源于人们的不懈追求与价值的不断实现。鼓起生命的风帆,勇敢地迎接生命的挑战。

最令人心酸的秘密

在成长的路上,父亲已不仅仅是一位宽容、慈祥的父亲,更是一位良师、一位益友。父亲点点滴滴的关爱已筑成一座山，于无言中坚定、执著地守望着。唯心中涌动着的那股暖流在不停地促使我们奋进。

楼下的简易房里住着父子俩。白天他们去捡破烂儿，晚上回来就住这儿。

父亲40多岁的样子，儿子10多岁吧。更令人心酸的是，他们都有残疾，走路一拐一拐的。父亲驼背，看上去只有一米六的样子；儿子长得还不错，可脚却不好使。

我见过他们吃饭，一人端着一个大碗，吃着乱七八糟的东西，也许是别人剩下的吧。

他们一拐一拐地去捡破烂儿，有一辆破三轮。搬家的时候，我把不要的东西给了他们——旧书旧报旧家具，还有一张小床。我说："不要钱，是我送给你们的。"

显然，他们很感动。就是这样，我们认识了。

男人姓田，是从湖北农村过来的，因为穷，媳妇跟人走了。他一个人领着孩子来北方，靠捡破烂儿过生活。

他木讷，不肯多言。一天，邻居突然对我说，老田好像有对象了。

我说："真的啊，谁看得上他啊？"

后来我还真看到过一次。

是一个也拉扯着个孩子的女人，家在本地，有房子，打算和他一起过。

老田却不愿意。

我有点纳闷儿，去问老田。老田抽着烟，一袋又一袋地抽着。他说："我不敢结婚，一是怕耽搁人家，二是我得攒钱。儿子的腿要做手术，得十好几万，大夫说越早做越好。我不能让他一拐一拐地走路。我不能结婚，一结婚，负担就重了。"

后来，我很多天没有看到老田，我总怀疑他去了外地，因为简易房拆掉了。

再后来，我听说了一件事，眼泪当时就掉了下来。

是我朋友那里出了事。朋友是做建筑的，招了一个男人，没做几天，就从楼上掉下来了，公司要给他治病。他说："别治我了，我都40多岁了，赔我点钱，给我儿子做手术吧。"

公司的人不理解，也不愿给这笔钱。

男人哭着说："求求你们，给他做手术吧，我……我是故意的……出了意外就会赔钱，我想让你们给我儿子做手术，这孩子跟着我不容易；我还想告诉你们，儿子……儿子是我捡来的，我根本不能生育……"

那个朋友哭了，他告诉公司的人，给他儿子做手术，也要救他！

孩子做了手术，手术后不再一拐一拐地走路了。过年过节，父子俩就给公司老总送点玉米和山芋过去，他们知道感恩。公司老总仍然穿梭于生意场上，可是，他忘不了那个秘密。

老田曾说："这个秘密我不想让儿子知道，因为儿子说我是世界上最好的爹。"

世上总有各种各样的秘密，其中最辛酸的秘密，是老田倾尽所有爱着这个孩子，这个孩子却不知道老田并不是他的生父。

也许真正的爱就是这样：我爱你，不图一丝回报；我爱你，用我的心，用我的命，用我的所有——只要我有。

还有一个故事是这样说的：

有位绅士在花店门口停了车，他打算向花店订一束花，请他们送去给远在故乡的母亲。

他正要走进店门时，发现有个小女孩坐在路上哭。他走到小女孩面前问她说："孩子，为什么坐在这里哭？"

"我想买一朵玫瑰花送给妈妈，可是我的钱不够。"孩子说。绅士听了感到心疼。

"这样啊？"于是绅士牵着小女孩的手走进花店，先订了要送给母亲的花束，然后给小女孩买了一朵玫瑰花。走出花店时绅士向小女孩提议，要开车送她回家。

"真的要送我回家吗？"

"当然啊！"

"那你送我去妈妈那里好了。可是叔叔，我妈妈住的地方，离这里很远。"

"早知道就不载你了。"绅士开玩笑地说。

绅士照小女孩说的一直开了过去，没想到走出市区大马路之后，随着蜿蜒山路前行，竟然来到了墓园。小女孩把花放在一座新坟旁边，她为了给一个月前刚过世的母亲，献上一朵玫瑰花，而走了一大段远路。

绅士将小女孩送回家中，然后再度折返花店。他取消了要寄给母亲的花束，而改买了一大束鲜花，直奔离这里有五小时车程的母亲家中，他要亲自将花献给妈妈。

人生感悟

许多时候，能让我们超越极限的力量，不为名，不为财，甚至连自己的生命都不是，而是在血管里涌动的、一次次漫过心底的爱啊。人世间最美的是亲情，最值得留念的也是这难以割舍的亲情。

没人会在原地等你

其实很多时候，人无法改变命运，就像路边的野花一样力量薄弱，只能无奈地被流水推着走，流到哪儿是哪儿。与其难过，不如顺其自然，静观两岸风光。

诺贝尔化学奖获得者、美籍华人崔琦出生在河南农村，父母都是大字不识一个的农民。但是他妈妈颇有远见，咬紧牙关省吃俭用，在崔琦 12 岁那年将他送出村，外出读书。这一走，造成了崔琦与父母的永别。后来他到了香港地区和美国，成了世界名人。

曾有人问崔琦："12 岁那年，如果你不外出读书，结果会怎么样？"结果会怎样？结果当然就是他不会有今天的成就，也许现在还在河南农村种地。

可是崔琦的回答大大出乎人们的意料。他说："如果我不出来，三年困难时期我的父母就不会死。"崔琦后悔得流下了眼泪。在他拼搏奋斗的生涯中，他肯定不止一次地想过他的父母，也想过有一天终于可以和父母相守在一起，但世事不尽如人意，蓦然回首，父母已经离他而去。从此，无论人生怎样辉煌，终究无法弥补父母已经不在的遗憾。

这不由得让我想起了前不久从美国归来的一位朋友。接到他的电话时，我颇感意外。因为这位朋友远在美国，工作学习都很顺利，我们都以为，他在美国定居是理所当然的事情了。现在不是有好多人都想方设法跑到国外去吗？

朋友说，他本来也一直打算在美国定居的，父母也很支持他的决定。每次打电话回家，两位老人都告诉他身体很好，心情也很愉快。他们已经习惯了没有儿子在身边的生活。

他相信了父母的话，可是渐渐地，他没有那么心安理得了。他身边的朋友，不断地有人急匆匆地回国，不是这个接到母亲病危的电话，赶着回家探病，就是那个收到父亲去世的消息，哭着回家奔丧。他们再回到美国，一说起父母便是摇头叹气，还有就是道不尽的懊悔。这个说，真应该早点回家陪在父母身边；那个说，假如母亲还健在，我一定怎么怎么尽孝心。朋友越听越心惊，他是幸运的，因为他的父母都还健在，可是这种幸运能维持多久呢？他开始害怕接到国内的电话。他害怕一拿起电话，听到的就是不好的消息。这么多年来，父母一直全力支持他求学，他也成为父母的骄傲。可是这个让父母骄傲的儿子，从18岁到外地读书开始，和父母相守的日子屈指可数。父母日渐老去，他何曾为他们端过一杯水，煮过一顿饭，洗过一次衣？

在这种不断的拷问中，他终于下定了回国的决心。他要回到父母身边，照顾他们的老年生活，好好和他们一起享受生活。他说，对父母而言，子女在身边是一种幸福。可是对子女而言，能够陪着父母走完生命的最后一段旅程，何尝不是幸福呢？我们完全可以避免“子欲养而亲不待”的遗憾啊。

对于父母，我们并非没有孝敬之心。但我们常犯的错误是：等我有了钱一定好好孝敬他们，等我买了大房子一定接两位老人来住，等我忙过这段时间一定回家看他们，可是父母却等不起我们啊。要知道，父母不可能站在原地等你。

常回家看看，来保持这份亲情；常回家看看，来体现这份孝心；常回家看看，来延续这份无止无尽的爱。不要等到父母已经老去再来回报，而空留遗憾在人间。

曾经听说过这样一个故事：

乡下小村庄的偏僻小屋里住着一对母女，母亲生怕遭窃，总是一到晚上便在门把上连锁三道锁；女儿则厌恶了像风景画般枯燥而一成不变的乡村生活，她向往都市，想去看看自己透过收音机所想象的那个华丽世界。某天清晨，女儿为了追求那虚幻的梦离开了母亲身边。她趁母亲睡熟时偷偷离家出走了。

"妈，你就当作没我这个女儿吧。"可惜这个世界不如她想象的美丽动人，她在不知不觉中，走向堕落之途，深陷无法自拔的泥泞中，这时她才领悟到自己的过错。

"妈！"经过十年后，已经长大成人的女儿拖着受伤的心与狼狈的身躯，回到了故乡。

她回到家时已是深夜，微弱的灯光透过门缝渗透出来。她轻轻敲了敲门，却突然有种不祥的预感。女儿扭开门时把她吓了一跳。"好奇怪，母亲之前从来不曾忘记把门锁上的。"母亲瘦弱的身躯蜷曲在冰冷的地板上，以令人心疼的模样睡着了。

"妈，妈，"听到女儿的哭泣声，母亲睁开了眼睛，一语不发地搂住女儿疲惫的肩膀。在母亲怀里哭了很久之后，女儿突然好奇地问道："妈，今天你怎么没有锁门，有人闯进来怎么办？"

母亲回答说："不只是今天而已，我怕你晚上突然回来进不了家门，所以十年来门从没锁过。"

母亲十年如一日，等着女儿回来，女儿房间里的摆设一如当年。这天晚上，母女俩恢复到十年前的样子，紧紧锁上房门睡着了。

家人的爱是我们希望的摇篮，真的应该感谢家的温暖，给予我们不断成长的动力。世界上最温暖的地方，不是被窝，而是亲人的怀抱；世界上最安全的地方，不是宁静的港湾，而是亲人的臂膀。

人生感悟

有的时候，我们真的幻想时光可以重来一次，那样的话就可以重新选择一切，面对相同的时间里发生的相同的故事不会再重蹈覆辙，不会再走这样的心路。可是想过没有，如果没有经历过遗憾，又怎么能懂得珍惜？如果不是遗憾，又怎么可以那么刻骨铭心，又铭心刻骨地去记住一个人？

陪父亲喝酒

很多人都有这样的感受：成家多年了，虽然和父母同住一个城市，由于忙的事挺多，不经常回家。总觉得走到哪里也是父母的孩子，回家多一回少一回无所谓。却在突然间醒了过来，自己想错了。因而，回父母家的时候，站在门外，总感到内疚，像一个做了坏事的孩子将见到大人那样，心里忐忑不安，总好像谁在责备着自己。敲门的时候，猜想着两位老人在家正做着什么，是不是受着冷清和孤独的折磨。进了家门，看到父亲渐渐苍老的脸，母亲缕缕花白的头发，有一种心痛的感觉……

下面故事中的游子对此深有感触：

年底了，天气越来越冷了，空中飘洒着鹅毛般的雪花。每天忙忙碌碌的，一晃竟快到春节了。也好，总算可以松一口气，回老家陪陪父亲喝喝酒了。

我特地给父亲买了两瓶洋酒。父亲爱酒，但一辈子都只喝些自酿的米酒，那酒寡淡寡淡的，没什么酒味，不过是哄哄自己的嘴巴罢了。即便如此，母亲怕他年事已高，不胜酒力，遂限定他每餐只准喝一杯。父亲拗不过母亲，但又贪杯，便每每趁舀酒的机会大抿一口，那满满的一杯酒一抿便下去了。父亲“理所当然”还要加满，因此实际上，父亲每餐都要喝一杯半的样子。有时在酒缸边抿酒被母亲看到，母亲免不了要说上几句，父亲便像做错了事的孩子似的，羞愧地笑笑。

父亲每每盼我回去陪他喝酒，因为只有此时，他可以畅快地喝，母亲也不会唠叨什么，听凭我们父子俩大吃大喝。然而，我真正陪父亲喝酒的次数屈指可数，尤其是出国后，这种机会就更少了。不过，每年我都会向父亲许诺：今年过年，我一定陪你喝酒！

眼看就是大年三十了，今年别的活动我啥也不干，就是想陪父亲喝喝酒。没什么可犹豫的了，买张机票，一箭回来了。

父亲真的老了。听说我要回来，白发苍苍的他一大早起来，硬是挤上那辆最早的公交车，赶到县城火车站来接我。远远的我就看到了父亲，那么冷的天，他棉衣都忘了穿，却伸长脖子在风雪的天空下瞪着浑浊的老眼东张西望。我快走到他的身边了，他还在焦急而忘情地找我。我望着像枯老的树桩一样的父亲，鼻子一酸，轻轻地说："父亲，我回来了。"父亲扭头一见我，显得十分生疏地继续四周张望，我不知道他在找什么。过了好一阵子，父亲喉咙响了一下，闷闷地说："就你一个人回来？""嗯。"我突然明白父亲在找什么了：父亲年年期盼我带自己的另一半回去，可是我又让他失望了。父亲重重地叹了一口气，像是对我，又像是自言自语："下雪了，过年了。"

一到家，母亲早已忙开了。我把两瓶洋酒郑重其事地塞到父亲皲裂粗大的手中，父亲把酒瓶上的洋文细细地端详了一番，然后走进屋里，把它们藏了起来。出来时，父亲扛着满满的一缸酒，说："今天咱们就喝家里的酒。""行，行。"我连忙说。送他的洋酒本来就是让他以后慢慢喝的。

雪花三三两两地下，漫不经心的样子。风虽然冷，却是浅浅的。屋后的平台上，一张木桌、一缸老酒、几碟下酒菜。我坐在空旷的天空下，陪父亲慢慢喝着老酒，邻居的狗在我们的脚下晃来晃去。我说："年初我就盘算着，过年的时候一定回来陪你喝几盅。""嗯，"父亲应了一声，把满满的一杯酒喝了下去，我赶紧为他斟满。

记得有回出差，路过家门，我陪父亲好好地喝了一回酒。那是傍晚时分，薄薄的夕阳淡淡地照在身上，我们俩没有多余的话，只是你一杯我一杯地喝着酒。陪父亲喝酒，感觉真好啊。

可是今天，没有阳光，只有雪花，以及不时从远远的地方传来的鞭炮声。这时，父亲突然抬头，怔怔地望着我，说："你出国也有五六年了吧？""没有。不到三年。""你答应过，过年的时候就回来陪我喝酒。""我这不是回来了吗？""你答应过，过年的时候把媳妇也带回来。"我一时语塞。父亲说："你答应过，无论出国，无论走到天涯海角，你都会想办法回来看我。"我喉咙猛地一哽，叫了一声"父亲……"这时，我听到身后有轻微的抽啜，扭头，竟是靠在门槛边的母亲。

母亲见我看她，就干脆走过来，一边揩眼泪，一边往手里搓围巾，说："蓝崽啊，我看你父亲活不了多久了，天天念叨着你，天天叨着要跟你喝酒。每天早晨一起来就到堂屋的菩萨下面去许愿，生怕自己一觉睡了过去，再也见不到你似的……”停了一下，母亲又说：“他还天天担心你出事。说你到了那么远的地方去，莫说朋友，连个亲戚都没有。这世道又很乱，万一你跟别人打架了，连个帮手都找不到，还不是眼睁睁地让人欺负？”

父亲冲母亲一瞪眼，硬硬地说：“你又不是一样？天天守着电视，看又看不懂，瞎着急。昨天听说崽要回来，一通晚都不睡觉，还嚷着硬要跟我去县城呢。”母亲见我低着头，就说：“行了，老头子，你们喝酒吧，雪都飘到酒杯里了。”母亲说完，慢慢挪回到灶屋去了。

我的酒杯飘进了两朵雪花，父亲没看见，给我酒杯加了酒。父亲说：“你们那地方，也兴过年么？”我说：“不兴，洋人只过圣诞节。”父亲说：“那是个什么破地方，年都不过。你还到那里去干什么？国内不是好好的吗？”我无言以对。父亲忽然轻柔地说：“你看你，头发都白了不少，是不是在那里受委屈了？”我摇摇头。父亲叹了一口气，说：“我知道你有事也不会告诉我，你在那里好坏我不管，可我已是望八的人了，黄土快掩到脖子根上来了。你告诉我，你什么时候让我看到孙子？”

不知什么时候，我的脸上已有了冰冷的一滴，我弄不清那是眼泪还是雪花。父亲老了，真的老了，我不忍再给他一个空洞的许诺。可是，除了陪他老人家喝酒，我还能说什么、做什么呢？“喝吧，父亲。我知道你酒量好，我们来个千杯不醉。啊，父亲，今天过年了，我好想陪你喝醉一回啊……”

门外突然响起了汽车声，有人在叫我的名字。我猛然醒来：天啊，窗外阳光灿烂，我仍在澳大利亚。一时泪水不知不觉从我粗糙的脸上缓缓滑下……

人生感悟

人生需要关怀，“常回家看看”就是关怀和爱！这无疑是一种人生的修养，一种敬老的美德。常回家看看，让年迈的父母感受你的赤子情怀……

一张忘取的汇款单

关于父爱，人们的发言一向是节制而平和的。但是对于许多人来说，父爱一直以特有的沉静的方式影响着他们。父爱怪就怪在这里，它是羞于表达的，疏于张扬的，却巍峨持重，所以有聪明人说，父爱如山。

下面这个故事，作者从另一个角度向我们讲述了父爱的内涵。

来天津工作后，我极少给父亲打电话，只是在每月领了工资后，汇500块钱回家。每次到邮局，我总会想起大学时父亲寄钱的情景。四年来，他每月都要将收废品挣到的一大把卷了角的零钱，在服务人员鄙夷的眼光中，谦卑地放到柜台上……

而今，我以同样的方式，每月给父亲寄钱。邮局的人，已经跟我相熟，总是说，半年寄一次多方便，或者你给父亲办个卡，直接转账，就不必如此烦琐地一次次填地址了。每一次，我只是笑笑，他们不会明白，这是我给予父亲的一个虚荣。当载着绿色邮包的邮递员，在门口高喊着父亲的名字，让他签收汇款单的时候，左邻右舍都会探出头来，一脸羡慕地看着他完成这一“庄严”的程序。

父亲会在汇款来到的前几天，就焦虑而又幸福地等待着。去镇上邮局取钱的这天，他会像出席重要会议一样，穿上最整洁的衣服，徒步走去。一路上，总会有人问，干什么去啊？他每次都扬扬手里的汇款单，说，儿子寄钱来了，去邮局取钱。对于父亲，这应当是一次幸福的旅程吧。别人的每次问话，都让他的幸福加深一次，而那足够他一月花费的500元钱，反而变得微不足道了。

汇款单上的附言一栏里，我和父亲当年一样，总是任其空着。我曾经试图在上面写过一些话，让父亲注意身体，或者晚上早点休息，但每一次写完，我又撕掉了。邮局的女孩子总是笑着问我：写得这么好，你爸看到会开心的，为什么要去掉呢？我依然笑笑，不做解释。这不是我们彼此表达关爱的习惯。

只有一次，邮局的女孩特意提醒我，说：建议你这一次在附言里至少写上一句话。我一怔。她继续说：等你父亲收到汇款的时候，差不多就到父亲节了，这句话，可是比你这500块钱重要多了。或许整个小镇上的人，都没有听说过父亲节，这样一个略带矫情的节日，只属于城市。但我很顺从地依照她的话，在附言栏里一笔一画写下：祝父亲节快乐。

但正是这张汇款单，父亲不知为何，竟忘了去取钱。两个月后，钱给退了回来。我打电话去问他。他说：忘了。我有些恼怒，因为自己写下了祝福，他不仅没有一句回话，竟是连钱也忘了取。去邮局补寄的时候，我气咻咻地讲给女孩子听。她凝神听了一会儿，插话道：我觉得未必是你父亲忘了，说不定他是想要将这张有祝福的汇款单留下做纪念呢。我愣住了，随即摆手，说，怎么可能呢，他从来都不是这样细心的人。

但父亲，的确是这样细心的人。而且，这个秘密，他自始至终对谁都没有讲过。那年春节，我无意中拉开父亲的抽屉，才看见了那张被他放入收藏盒中的汇款单。那句短短的祝福，父亲早已看到，且以这样的方式，藏进了心底。

人生感悟

人们常说，父爱是一座山，高大威严；父爱是一汪水，深藏不露；父爱更是一双手，抚摸着我们走过春夏秋冬；而父爱更是一滴泪，一滴饱含温度的泪水。

父爱没有绵长的温柔，没有体贴的温馨的话语，不是随时可以带在身边的一丝祝福，也不是日日夜夜陪你度过的温暖。父爱是一滴血，概括了全部的语言。

种妈妈

偏远山村三十里堡有个小女孩本来叫娇娇，可是自从妈妈走了以后，爸爸就给她改名叫盼盼，意思是盼望妈妈早日回家。妈妈是在盼盼不到两岁的时候离开家的，爸爸只说妈妈出了远门。

可是盼盼还是从别人口中渐渐知道了妈妈是嫌山里太穷，狠心抛下她和爸爸离家出走的。盼盼懂事，她也不把真情告诉爸爸，她更不恨妈妈，只是默默盼望妈妈早点回来。妈妈走时盼盼还太小，还记不住妈妈的模样，好在妈妈给她留下了一张珍贵的照片。照片上的妈妈年轻美丽，亲切温柔，盼盼把这张照片精心收藏好，想妈妈了就拿出来看一看。她还经常对着照片呼唤妈妈，她觉得妈妈听见了她的呼唤，不管离家多远也会赶回来。

爸爸对盼盼很好，他又当爹又当娘，尽量哄女儿开心，可是盼盼耳边却总响着一句歌词："没妈的孩子像棵草……"

七八岁的盼盼上学了。

春季的一天，老师教了篇课文，名叫《种子》。老师说种子种到地里浇上水就会发芽，玉米种下去长出玉米，小草籽种下去长出小草，小树种下去长成大树。

盼盼听得两眼放光，她突然问道："照片种下去，会长出妈妈来吗？"同学们笑了起来，老师摇摇头说："只有种子才会发芽，照片不是种子。"

小盼盼还是第一次不信老师的话。她放学跑回家急忙找出妈妈的照片，捧在手里看了又看，然后在院里挖开一个小土坑，郑重地把照片种下去，小心地培好土，又细心地浇上了一瓢清水。然后盼盼跪在那一片儿新土前，学着邻居家电视里一个小沙弥的样子合掌祈祷："妈妈，你快点长出来啊！"

小盼盼天天为照片浇水，没事时就捧着小脸蛋儿望着那片种着希望的土地，想象着扑进妈妈怀抱的滋味。想着想着盼盼哭了，想着想着盼盼又笑了。

一天又一天过去了，春天过去了，秋天也过去了，庄稼都收割上场了，可盼盼的妈妈还没有长出来。不过盼盼不灰心，她坚信妈妈一定会长出来的。冬天来了，盼盼给种下照片的地方盖上了小棉被，她不能让妈妈冻着。

在盼盼殷殷的盼望中，万物复苏，又一个春天来到了山里。爸爸种在园里的黄瓜豆角都已拱出了土，可是妈妈还没有长出来。这天是个星期天，爸爸下地去了，干完零活的小盼盼又坐在了种妈妈的地方，流着泪不断呼唤着妈妈。她真的已经等急了，她害怕这个春天照片还不发芽。

什么东西落到了盼盼的脸上，热热的，她抬头一看，一个女人正站在跟前深情而又愧疚地注视着她。刚才落在她脸上的，是那女人的泪。盼盼惊呆了！虽然面前的女人穿着打扮和照片上大不相同，可盼盼还是一眼认定她就是妈妈！但盼盼又一时不敢相信这是真的，她怕这又是幻觉又是梦。盼盼使劲揉揉眼，看见妈妈真真切切站在面前，正流着激动的泪水向她张开怀抱。

“妈妈！”盼盼流着泪欢叫了一声，像只小燕子般飞进了妈妈的怀抱。妈妈紧紧搂着盼盼，亲着盼盼。妈妈是从很远的地方赶回来的，因为她听见了盼盼的呼唤，不管走出多远，盼盼殷殷的呼唤都时刻响在她的耳旁。经过多少次犹豫，妈妈终于回到女儿身边。盼盼却坚信这是自己创造了奇迹，她向下地归来含泪站在门口的爸爸骄傲地宣告：“爸爸，我把妈妈种出来了！”

每个人都知道，母亲是伟大的，母爱是博大的，但究竟母亲为我们付出了多少，却很少有人真正能够了解，仅仅是那温暖的怀抱吗？仅仅是那彻夜劳作的双手吗？仅仅是那风中凝望我们的眼神吗？种种看得到的辛劳和付出，也只是母爱的一小部分而已。

下面这个故事应该让我们对母爱有新的认识。

日本的讽刺明星兼导演北原武几年前因母亲去世，他回故乡奔丧。说老实话，他一直不怎么喜欢母亲，因为她一直不断地向他要钱，只要他一个月没寄钱回家，母亲就打电话对他破口大骂，真是名副其实的“死要钱”，而且北原武越出名，她索取的钱越多。回到家之后，他还是忍不住大哭一场，想到他一直在外，没有好好供养妈妈，虽然是“死要钱”的妈妈，他还是觉得亏欠母亲。等办完丧事，北原武正要离开家的时候，他的大哥把一个小包袱给了他，说：“这是妈妈叫我一定交给你的。”

北原武小心翼翼地打开小包袱，看到一本存折与一封信，存款是用他的名义开户的，存款金额高达数千万日币。

信中，母亲写道：“武儿，在这几个儿女当中，我最担忧的就是你，你从小就不喜欢念书，又乱花钱，对朋友太慷慨。当你说要去东京打拼时，我就很担心你会变成一个落魄的穷光蛋，因此我每月从不间断地要你寄钱回家，一方面可以刺激你去赚更多的钱，另一方面也为了替你储蓄。你给我的钱，我一毛都没有花，你大哥一家把我养得好好的，你的钱就是你的钱，现在就拿去好好利用吧！”

看完了信，北原武哭倒在地上，久久站不起来……

人生感悟

有的时候我们大人如果能保持一颗童心，就不会常常为了一句话或者一件小事去生气，闹脾气。始终保持一颗淡定而宁静的心，勇敢面对生活中的成败得失，幸福才会向我们露出灿烂的笑脸。只有守住内心的淡定与宁静，才能在茫茫的人生旅程中欣赏到美丽的风景。

“子欲养而亲不待”，用真心去爱爸妈吧，就像爸妈爱自己一样，从每一个细微处，每一天每一天地延续下去。

不过是为了遇见你

生活中有太多的巧合和不期而遇，有了这些巧合，我们的生命才可能完美，才不会有那么多的遗憾。

她第一次遇见他，是仲夏的午后。他跟在搬家的队伍后面，怀里抱着一块大大的画板，一双眼睛乌溜溜地转。她正蜷在葡萄架下的旧藤椅上。葡萄藤上，一只蜗牛爬到中途，掉下来，重新慢吞吞地往上爬。一回头，她看见他歪头站在背后，望着架子上紫莹莹的葡萄说：“用我的水彩笔，换你的葡萄，可以吗？”

就这样开始了交换，用他的雪糕换她的酸梅粉，用她的《穆桂英》换他的小人书，用她积攒的画片，换他从四奶奶院子里偷来的月季花……两个人，一起守着一台老式的半导体，听评书连播，烦了就去树上捉蝉。他教她画画，她教他吹口琴，形影不离。

那年，她 9 岁，他 11 岁。

4 年后，他随父亲的工作调动，搬去了遥远的北京。仍然是仲夏的午后，她帮他拿画夹，拿足球，一趟一趟地跑，脸上满是细密的汗珠。她解下戴在脖子上的长命锁，偷偷放在他的文具盒里。等到车要开的时候，却到处找不到她，他哭着不肯走。而她，躲在高高的梧桐树后面，看着他跑遍所有常去的地方找她。他被爸爸强行拉上车，他哭，他使劲挣扎……小小的心，碎成飘摇零落的秋。

北京，从此成了她心中的一个梦。他在信中向她描述天安门、故宫、万里长城，秋天落满银杏叶的街道以及香山的红叶。他说："我在一棵树上刻了你的名字，这就是你的树了。等你来北京，我带你去看你的树。"

后来他的信开始断断续续，再后来，她去的信，总是被退回来。信封上打着：查无此人。

15 岁的时候，她长成一个沉默而内敛的姑娘，是班上最用功的学生。她的目标是：北大。三年后，当她的双脚终于站在未名湖畔的时候，他们之间的联系已经断了整整 4 年。可是她并没有灰心。他在信中提到的每一个地方，她都去过。秋天的时候，她在那条落满银杏叶的街道上走着，竟在一棵银杏树的一个小小的枝丫上，真的看到了自己的名字。她抱着那棵树，心如刀割。她只是找到了她的树，却把他弄丢了。

毕业后她开始四处地漂，有时候在天津，有时候在上海，有时候在深圳、广州。有过几次恋情，都无疾而终。多年以后，她再次转回北京，在一家报社做文字编辑，也发表了一些文章，她只用一个固定的名字。那是只有他才认得的名字。

27 岁那年，她结婚了，丈夫大她两岁，是报社的广告部主任，对她宠爱有加。婚后第 3 年，她生下一个可爱的女儿，从医院回家后，丈夫打开一个很旧的檀木匣子，从里面拿出一把长命锁，要为女儿戴上。她一惊，一把夺过去，反复地看，整个人都颤抖起来。她问："你从哪儿弄的？"

丈夫莫名其妙地看着她，说："可能是什么人送的吧，不记得了，我真的记不清楚了。"

她着急地追着他问："到底什么人送给你的？怎么会记不清楚呢？你再好好想想。"

丈夫便笑："你让我怎么想得起来啊，我 17 岁的时候不小心出过一次车祸，医生说是选择性失忆。好多从前的事情，一点都记不起来了……"

她呆住了，原来，任何的相遇，都不是偶然的事情。而他们，兜兜转转这么多年，不过是为了遇见对方，虽然，他已经失去了曾经的记忆。她紧紧地抱住他，生怕一不小心再丢了他。

泪水稀里哗啦，流了他一脸。他轻拍她的背，笑："傻丫头，哭什么啊？"

人生感悟

生命中有许多感动，而这些感动往往是被人们积压在内心深处，也许你认为它们已经随着时间的流逝而慢慢淡化了，但是不料经别人一触动却突然如潮水般汹涌而出，令你都不能相信那是你曾经的经历，这时你才明白有些东西你根本不会忘却。

寻找属于自己的瓶子

到底什么是幸福？在我看来，幸福就是每个清晨能与相爱的人一起享受窗外的一米阳光，每个黄昏能和相爱的人一起牵手在林间的小路上。幸福其实是一种感受，一种心境，健康、踏实、快乐也是幸福。知足者常乐，越简单越快乐，快乐的根源就是幸福。

她爱上他眉宇间的阳刚之气，贪恋他笑容渐起时嘴角传递出来的自信。24岁的女孩子，不羁的青春之下，一颗单纯而痴情的心像跳跃的兔子，忍不住偷偷跳出来，又慌忙躲进洞穴。夜夜失眠，只因为白天他帮她纠错时一个爱怜的眼神，或者他接过咖啡时一声温柔的谢谢。

她以前是见过他的妻子的，那一次在公园里偶遇上了。他一手挽妻，一手携子，眼眸中带着笑意。初春温暖的阳光倾泻而下，打在三个人的脸上和身上，晃来晃去，到处都是幸福与安宁。她仓皇而逃，只恐内心潜藏的隐情被人识破。

秋天的时候他出国考察，两个星期的时间不算太久，于她而言却是度日如年。才几天的光景，人已经憔悴得不成样子了。碰巧他打电话回来问公司目前的进展，她懒懒接起，听得他在那端“喂”了一声，真是一字如惊雷，将她的心轰隆隆地炸开了口。握着话筒，喉头哽咽，万语千言，却又说不出口。她急忙抬手唤来同事，话筒一丢，人已落荒而逃。她怕自己承受不起。

元旦的时候，公司惯例地举行联欢晚会，他偕了夫人一起出席。她躲在角落，看那个华贵优雅的女人谦和有礼地替他答谢诸位员工，看他优雅地牵过她的手滑进舞池，看他温柔地为她整鬓边的发，看他附在她的耳边轻轻说话，心一阵紧似一阵地痛，一分一秒都是煎熬。晚会没有结束，她就借故离开了。在一家酒吧，从没喝过酒的她，醉得一塌糊涂。

醒来已是第二天黎明，睁开眼睛时他正坐在床前微笑着看她。她一时恍惚，是梦吗？他揉揉她的头发说："你这个傻丫头，不会喝酒就别喝那么多，亏得我们路过，不然还不知醉成什么样呢。"

他妻子把一杯热茶放在她的掌心，一句话石破天惊："谢谢你也爱他。"

是她自己出卖了自己，昨夜梦中不停地呼唤他的名字，隐秘的心事终于大白于天下。

他的妻子笑笑，说："我明白你的心思，因为我也有过你那样的年龄，这种痴迷和爱恋，我也曾有过。爱没有错，只是，需要一个更合适的瓶子去承载它。"女人的手爱怜地拂过她的发，接着说道："傻丫头，你还年轻，会找到真正属于自己的那个瓶子的。"

她闭着眼睛，让眼泪恣意横流。

半个月后，她主动交上了辞职信，回到家乡那个安稳而舒适的小城。三年后，她找到一个儒雅温柔的男人，彼此相亲相爱，幸福美满。她喜欢叫他"瓶子"，在油烟弥漫的厨房里，在人声鼎沸的菜市场里，在情意绵绵的电话里。这个毫不相干的称呼，她叫得张扬，他应得甜蜜。

有一次，她突然问他："知道为什么叫你瓶子吗？"此时的他正修理电灯泡，头也不回地说："你若是美丽的玫瑰，我就是青瓷花瓶；你若是清凉的水，我就是矿泉水瓶；你若是醇香的老酒，我就是雕花酒瓶。哎，把钳子递给我。"

她"扑哧"一声笑了，她承认，这是20多年里她听到的最动听的情话。是的，丰盈的感情，只有在自己的瓶里，才能开得恣意芬芳，娇艳醇香。

一个网友说，平淡的爱情是：首先，彼此互相关心、理解，哪怕只是微不足道的小事；恋爱和结婚是两码事，不能拿婚前的他与婚后的他做比较！我和老公的爱情，我自认为很平淡也很幸福，我累了，他会主动去做饭；冬天下班回家，脚很凉，他会双手抱着我的脚丫给我搓热，再给我倒一盆热水泡脚；我爱吃什么，只要说了，他就会记下，下班回来给我买；我单位上遇到不顺心的时候，回家发脾气时，他也不会和我计较，过后静下来，再问我怎么了，帮我分析，开导我，安慰我！因为他知道我不是胡搅蛮缠不讲理的人。其次，责任。

男人应该赋予一种很强的责任心，对家，对爱人，对孩子都应有一份责任，他能爱家，爱我，爱孩子，爱彼此的父母！再次，在受到挫折和打击时，他轻轻地一句："怎么了，别想太多了。过去的就过去吧！还有我！天塌下来还有老公我给你顶着！别怕，等着，我给你做饭去，想吃什么？"另外，两个人健健康康的，孩子健康快乐，这就是最大的快乐！最后，和和睦睦，不要一天总为点鸡毛蒜皮的小事争论不休！简简单单，平平安安，父母健康，孩子快乐，老公顾家。这些对于女人来讲就是最平淡、最幸福的事了！

确实如此，找到了属于自己的瓶子，就是幸福。

人生感悟

人往往都是这样，拥有幸福的时候自己不知道珍惜，身在福中不知福，总是以为自己的幸福在下一个路口。在失去的时候才想起后悔，才发现转了一大圈，其实最好的其实曾经就在自己身边，可是自己却让幸福从身边溜走了。

爱情鞋

婚姻是两个人的生活，只有两个人都用心地去经营，才能把生活变得更好。爱情就像一双鞋子，有华丽的，有质朴的，也有只可观赏的。一双好的鞋子可带你畅游天下，享受其中的幸福。它不一定是华丽的，也不一定是光鲜亮丽的，但一定要最合适的。

不合脚的鞋，也许美得让人羡慕，但受伤的是自己的脚，其中的痛也只有自己知道……

（一）

一位风度翩翩的大学教授，曾在上山下乡时娶了一个目不识丁的农村妇女为妻，在如今物欲横流的世界里，这很自然被一些人视为"软肋"和"笑柄"。

议论多了，教授开始感到在众人面前抬不起头来，对妻子也开始厌烦起来。某天晚上，他起草了一份厚厚的离婚协议书，讲了许多的大道理，准备和妻子来个好合好散。

第二天早上起来晚了，他便匆匆忙忙赶着上课，没来得及收拾书桌上的东西。妻子从外面买菜回来，习惯性地来到书房打扫卫生，一只猫也溜了进来，跳到书桌上，把离婚协议书碰落在水盆里，一下子就浸湿了。

这下妻子慌了，以为是丈夫昨晚熬夜的心血，肯定又是什么重要的文件，便小心地捞起来，一张张地揭开，用熨斗把稿子一一熨平熨干。还没有完全做好，教授下课回来了，看见她那么用心地在熨烫一张张离婚协议书，像是在做一件神圣的事情。他的心仿佛被掏空了，这才感觉到，离开了她，他会失去什么。

教授感慨："婚姻这东西呀，就像穿鞋一样，鞋是否合适，只有脚知道。"

（二）

一日，在咖啡屋与一位朋友共进下午茶。

这位朋友在一家电视台主持一项烹饪节目："持家有法宝，教你三两招。"

谈起婚姻生活时，风趣的朋友，作了一个精彩绝伦的妙喻："我的丈夫，好比是我脚下的一双鞋子。"

在众人讶异地注视下，她笑了笑，说道：

"在青春焕发的年代里，选择终生伴侣，就好像是选购鞋子。鞋店架子上所放置的鞋子，多种款式，多种质地，琳琅满目，真叫人目不暇接。有些鞋子，款式绝佳，可是质地不良，穿不了几次，便坏损不堪。有些鞋子，款式老土，但却经久耐用。

"偶遇我的丈夫时，我觉得他好像是摆在鞋店一隅的一双蒙尘的老鞋，毫不起眼，拿在手上，还得大大地呵它一口气，才能把盖在上面的灰垢吹走而露出本来的面目。初买上手，嫌它老里老气；然而，旷日持久，却越穿越舒服。尽管外头鞋店的橱窗里摆着千百种款式的新鞋，可一点儿也吸引不了我；我总觉得这世上再也没有任何的鞋子比得上我家里那双。

"当然，这些年来，我对于这双鞋子的保养亦是费尽心思的。它脏了，我为它去除泥垢，把它刷得干干净净；它湿了，我为它拭去水迹，让它恢复本来面貌；

它旧了，我为它涂上鞋油，把它擦得油光闪亮。这双鞋子，我是准备穿它一辈子的哟！”

这一番妙言妙语，充分揭示了婚姻的真谛。

一双好的鞋子，还得碰上个真正的爱鞋人，才能相得益彰。

人生感悟

任何时候，我们都只能让鞋子来适应脚，而不能让脚去适应鞋子。鞋子舒服不舒服只有脚知道。上路最怕穿错鞋，婚姻最怕受折磨。如果鞋子特别挤脚，就赶快换一双。确实，选一双合脚的鞋，才能走更远的路。

在平淡中活出精彩

每个人都想经历一场轰轰烈烈的爱情，觉得那才是真正意义上的爱情，于是少男少女憧憬着，过来人回味着，当局者疯狂着，稍感遗憾的用其他方式做着补偿。

平平淡淡的爱情就是你在她身边，她很幸福，你出门去，她也不闹着不让你去或非跟着你去。

平平淡淡的爱情就是两个人各自保留一片自己的天空，谁也别左右谁的方向。

平平淡淡的爱情就是情意两心知，而不把爱挂在嘴边。

平平淡淡的爱情就是静静地凝视。

傍晚，雨中，她与他在车上。同平常无数个日子一样，他仍旧喜欢在开车时空出一只手来给她握着，不到换挡，决不放手。这是许久以来养成的习惯，而昨夜的手，异常温暖。

车遇红灯，停在街头，他望着前面的灯，忽然开口：“老婆，买个礼物给你好么？”

忽闻此言，她竟有些诧异，不知他为什么如此说。她不解地望着他。这个粗心的男人平淡地说，明天便是第 7 年。

她才恍然，时光如水，原来他们已经相伴 7 年。她心里有些感动，嘴上却道：“不得了，7 年之痒哦。”

他熟练地开着车，说：“那好，我送你老头乐，痒的时候自己挠挠。”

握着她的那只手，似乎更用力了。只是被他一握，她便知日后无数个 7 年的温暖。

车外风雨飘摇，那一刻，百般情绪涌上她的心头。她捏了捏丈夫的手，笑着问：“可有左手握右手的感觉了？”

这回他笑着说：“有。”如此肯定，她竟有些委屈。

“因为你是我的，你的手便是我的。”他的歪歪道理，对她总是有效的。车里放着许美静忧郁的歌，那一刻她竟能听出快乐来。

周末的清晨平静如昔，他还在沉沉地睡着，剩她独数他的好。

她曾与人讨论，友人问她爱他否。她答爱，又答依赖多于爱。不知别人面对如此的问题如何作答，她想那一刻的回答是真实的。

初识他时年龄尚小，她似乎并不懂得如何是爱。如果爱是痛并快乐着，那爱着的那一个，便不是他。

可自认识他开始，她便被这个男人没有理由地宠着，任他打点自己的一切，任自己习惯他的一切。他说女人该让男人宠的。他说爱你，就不该让你吃苦。

这个看似事业重于一切的男人，他的坚强背后藏着怎样一颗柔软的心？她不知道。只是静静接受他的关怀，他的呵护。

他最初的职业使她的心不太安稳，因为他更习惯漂泊在外的生活。常有他的朋友关心：如此放心你的远出，不怕有一日你忽然离开。他总是自信地笑说，再不会有人能这般宠她。每一次闻此言，她心里有些愤愤，却明白这是真的。有一个如此宠你的人，远方还能有多远？

她的家人常常抱怨，说他不是称职的老公和父亲，因为他每日的晚归，因为他每周见一次女儿。

她虽然心存委屈，也急急地替他申辩，男人对社会地位总是比女人看得重些，在他那样的位置，似乎只能进而不能退。他们总是以自己的社会地位来证明自己的存在。你怎么可以把他强留在身边。

常常在傍晚，看别人一家携手散步，常常看男人陪自己女人逛街买衣服，她心里便生羡慕，无数委屈会随之即来。可是望他拖着疲惫的身体回来，还有什么抱怨可以说出口。除了心疼还是心疼。不如给他煲一锅汤，在他晚归时端到面前。

女儿因为见他很少，平日见了，竟有几分羞怯，常常拒绝他抱抱的要求。男人那时眼里除了疼爱，还多出委屈，这些只有她看得明白。这个粗心的男人，不会对女儿表达自己的关爱，便也一味地宠着，从不会说拒绝，而女儿在她那里得不到满足时，仍会一撅嘴说要告诉爸爸，他会买。原来女儿也懂得他的好。

他曾问她，自己不爱出游，甚至根本不愿远行，城市的舒适让他有些离不开。而爱着出游的她，怎会选他。她总是笑说，因为需要互补。她心里知道是因为他让她安心。

一个人出游，总是需要有人等待，总是需要有人让自己安心。是的，也许不够爱他，但是他是她的习惯，他使她可安心离开，就如他始终放心她的离开，因为他也知道她会回来。

她常被闺中好友责备，说对每日在外的他不闻不问，说结婚这么久，竟从不关心他的钱袋。她们说婚姻是一生的赌博，而你如果输了，会很惨的。有谁知道，不闻不问，是基于信任。她想，既然嫁了自己给他，为什么还要怀疑，岂不是自寻烦恼？既然信任，何苦还苦苦纠缠他有多少钱，他的钱在哪里。她宁愿相信自己的信任会换一生的快乐，而始终以为被女人锁了钱袋的男人，总是有些悲哀。

有一对夫妻，因男的不喜欢女的每日打麻将，而女的厌烦男的玩电脑游戏，从抱怨到吵闹，直到闹着要离婚。后来在别人调解下，俩人和好如初，男的仍旧玩电脑游戏，女的仍旧打麻将，周末便和他们一道出游。

她自认为不是一个好老婆，不太会收拾家务，不太会做针线，切菜常常割到自己，虽然做得可口的饭菜，因为不爱洗碗，所以便不在家开伙。因为迷恋远行，常常给他买够一冰箱的方便食品便独自翘家。因为敏感，所以有些情绪化。在外受了委屈，便毫不掩盖地冲他发泄，从不问他是否接受。

而他竟能包容她的一切。洗了衣服，他总是深夜回来晾，不让她动手，因为他说她晾不好。买了水果，总是他细细地削好给她，因为怕她割着手。有一次，他竟因为她不爱吃早餐，有时更忽略午餐，一心疼，竟不知如何表达，于是吵架。

这个粗心的男人，有些懒，不做家务，结婚 7 年她只吃过他做的几次蛋炒饭。

他日日晚归，他总留给她孤独的周末。也许她依赖多于爱他，也许只是习惯着他的习惯。但是有他如此，她已经非常满足了。

她想告诉他：执子之手，愿与子偕老。

执子之手，看似是句平淡无奇的话语，其间却包含着那么大的勇气。不为什么，只为你，漫漫长夜里执子之手，走完那一段又一段的长路。坎坷的道路上执子之手，度过一次又一次的难关。在所有的道路上与你携手走过，让整个世界都变得渺小。

也许只是什么话也不说，只是在这漫长的道路上携手走过每一个路口，让彼此把真心放在手中，携手走过一生一世的灿烂。

人生感悟

有时幸福只是一种感觉，只要用心感受，它时刻萦绕在我们身边。记忆中的很多东西，都会因岁月流逝而渐渐地褪去它们生动的颜色，唯有我们对幸福的孜孜追求，让我们体验到人生的意义和价值，感受到生命的尊贵和庄严。当我们的灵魂和辽阔的宇宙相衔接的时候，我们渺小的存在，就因此而变得深厚和绚丽。

得不到和已失去

从前，有一座圆音寺，每天都有许多人上香拜佛，香火很旺。在圆音寺庙前的横梁上有个蜘蛛结了张网，由于每天都受到香火和虔诚的祭拜和熏陶，蜘蛛便有了佛性。经过了1000多年的修炼，蜘蛛佛性增加了不少。

忽然有一天，佛祖光临了圆音寺，看见这里香火甚旺，十分高兴。离开寺庙的时候，不经意间地抬头，看见了横梁上的蜘蛛。佛祖停下来，问这只蜘蛛："你我相见总算是有缘，我来问你个问题，看你修炼了这1000多年，可有什么真知卓见。怎么样？"蜘蛛遇见佛祖，很是高兴，连忙答应了。佛祖问道："世间什么才是最珍贵的？"蜘蛛想了想，回答道："世间最珍贵的是'得不到'和'已失去’。”佛祖点了点头，离开了。

就这样又过了1000年的光景，蜘蛛依旧在圆音寺的横梁上修炼，它的佛性大增。一日，佛祖又来到寺前，对蜘蛛说道："1000年前的那个问题，你可有什么更深的认识吗？”蜘蛛说："我还是觉得世间最珍贵的是‘得不到’和‘已失去’。”佛祖说："你再好好想想，我会再来找你的。”

又过了1000年，有一天，刮起了大风，风将一滴甘露吹到了蜘蛛网上。蜘蛛望着甘露，见它晶莹透亮，很漂亮，顿生喜爱之意。蜘蛛每天看着甘露很开心，它觉得这是3000年来最开心的几天。突然，又刮起了一阵大风，将甘露吹走了。蜘蛛一下子觉得失去了什么，感到很寂寞，很难过。这时佛祖又来了，问蜘蛛："这1000年来，你可好好想过这个问题：世间什么才是最珍贵的？”蜘蛛想到了甘露，对佛祖说："世间最珍贵的是‘得不到’和‘已失去’。”佛祖说："好，既然你有这样的认识，我让你到人间走一遭吧。”

就这样，蜘蛛投胎到了一个官宦家庭，成了一个富家小姐，父母为她取了个名字叫蛛儿。一晃，蛛儿到了16岁了，已经成了个婀娜多姿的少女，长得十分漂亮，楚楚动人。

这一日，新科状元郎甘鹿中榜，皇帝决定在后花园为他举行庆功宴席。来了许多妙龄少女，包括蛛儿，还有皇帝的小公主长风公主。状元郎在席间表演诗词歌赋，大献才艺，在场的少女无一不为他倾倒。但蛛儿一点也不紧张和吃醋，因为她知道，这是佛祖赐予她的姻缘。

过了些日子，说来很巧，蛛儿陪同母亲上香拜佛的时候，正好甘鹿也陪同母亲而来。上完香拜过佛，两位长者在一边说上了话。蛛儿和甘鹿便来到走廊上聊天。蛛儿很开心，终于可以和喜欢的人在一起了，但是甘鹿并没有表现出对她的喜爱。蛛儿对甘鹿说："你难道不曾记得16年前，圆音寺的蜘蛛网上的事情了吗？”甘鹿很诧异，说："蛛儿姑娘，你漂亮，也很讨人喜欢，但你想象力未免丰富了一点吧。”说罢，和母亲离开了。

蛛儿回到家，心想，佛祖既然安排了这场姻缘，为何不让他记得那件事，甘鹿为何对我没有一点感觉？

几天后，皇帝下诏，命新科状元甘鹿和长风公主完婚；蛛儿和太子芝草完婚。这一消息对蛛儿如同晴空霹雳，她怎么也想不通，佛祖竟然这样对她。几日来，她不吃不喝，穷究极思，灵魂就将出壳，生命危在旦夕。太子芝草知道了，急忙赶来，扑倒在床边，对奄奄一息的蛛儿说道："那日，在后花园众姑娘中，我对你一见钟情，我苦求父皇，他才答应。如果你死了，那么我也就不活了。"说着就拿起了宝剑准备自刎。

就在这时，佛祖来了。他对快要出壳的蛛儿灵魂说："蜘蛛，你可曾想过，甘露（甘鹿）是由谁带到你这里来的呢？是风（长风公主）带来的，最后也是风将它带走的。甘鹿是属于长风公主的，他对你不过是生命中的一段插曲。而太子芝草是当年圆音寺门前的一棵小草，他看了你 3000 年，爱慕了你 3000 年，但你却从没有低下头看过它。蜘蛛，我再来问你，世间什么才是最珍贵的？"

蜘蛛听了这些真相之后，好像一下子大彻大悟了，她对佛祖说："世间最珍贵的不是'得不到'和'已失去'，而是现在能把握的幸福。"刚说完，佛祖就离开了，蛛儿的灵魂也回位了，睁开眼睛，看到正要自刎的太子芝草，她马上打落宝剑，和太子深深地拥抱着……

人生感悟

你能领会蛛儿最后一刻所说的话吗？"世间最珍贵的不是'得不到'和'已失去'，而是现在能把握的幸福。"

得不到的，未必是最好的，失去的也不尽是最宝贵的；现在拥有的，未必是你梦寐以求的，可它却是真真切切属于你的。珍惜拥有就是把握未来！

【辑六】

有爱，便不会寂寞

古龙曾说：“真正的寂寞是一种深入骨髓的空虚，一种令你发狂的空虚。纵然在欢呼声中，你也会感到内心的空虚、惆怅与沮丧。”从古到今，又有几人能真正理解寂寞的含义。

一花一世界，一叶一菩提。冷眼向洋看世界，热风吹雨洒江天。只有那些心中有大爱的人，才能真正享受到寂寞的滋味，也只有耐得住寂寞，才能成就一番事业，才能欣赏到人间的种种美好。

缘起缘灭，缘聚缘散

有这样一个小故事：从前有个书生，和未婚妻约好在某年某月某日大婚。可是到了那一天，未婚妻却嫁给了别人。书生因此备受打击，一病不起。家人用尽各种办法都无能为力，眼看书生奄奄一息。这时，路过一个游方僧人，得知情况，决定点化一下他。

僧人来到他床前，从怀里摸出一面镜子叫书生看，书生看到茫茫大海，一名遇害的女子躺在海滩上。这时，走过来一个人，看一眼，摇摇头，走了……又走过来一个人，将自己的衣服脱下，给女子盖上，走了……又走过来一个人，过去挖个坑，小心翼翼地把尸体掩埋了……

疑惑间，画面切换，书生看到自己的未婚妻，洞房花烛，被她丈夫掀起盖头的瞬间……

书生怎么也想不明白。僧人解释道："那具海滩上的女尸，就是你未婚妻的前世。你是第二个路过的人，曾给过她一件衣服。她今生和你相恋，只为还你一个情。但是她最终要报答一生一世的人，是最后那个把她掩埋的人，那人就是她现在的丈夫。"

书生自此大彻大悟，从床上坐起，一下子大病痊愈！

书生悟到了什么呢？

爱要随缘，命中有时终须有，命里无时莫强求，都会遇到的，不要着急！你跟对方在大学里相识是一种缘分；你们彼此相爱，也是一种缘分；你们最终不能走到一起，也是一种缘分。

抱着一种随缘的心态，你就不会为失恋而痛不欲生。既然不能做那个给对方归宿的人，那就做那个给对方一件衣服的人。至少你们相识一场，不能做爱人，做事业上互相扶持的朋友也不错。

爱要随缘，很多事情都是不能勉强的，只是在抉择的时候就要好好地问一下自己，一定要弄清楚自己心里的想法，自己想要的到底是什么。然而在很多时候，我们都是只会劝别人，却不会处理自己的问题，因此造成了很多的误会。

有时候很想就跟着自己的感觉走，选择自己心里想要的，然而在现实面前，最终还是选择了放弃。因为现实，已经错过了很多美好的东西，我们不能一再错过，而现在又能否把握住呢？也许我们真的不知道，毕竟现实是最让人无可奈何的。

商界巨子李晓华是国内第一个拥有法拉利跑车的人，第一个同时荣获联合国颁发的“科学与和平奖”及“和平使者奖”两个奖项的中国人，并有一个小行星以他的名字命名。他初中没毕业就插队北大荒，当时他才十八岁。北大荒有过他的初恋。可女方却在回北京后与一个高干子弟结了婚。当时，李晓华扒着火车从北大荒回京，刚敲开女方家的门时，她妈妈出来了，说：“你不能给她带来幸福，你也不能改变她的生活状况，你要什么没什么，就是一个农民，虽然她也是一个知识青年，但不能嫁给一个农民。”

这件事对李晓华打击很大，后来功成名就，他这样感慨地说：“要改变贫穷的命运，只有加倍努力。奋斗对于人的一生是非常重要的。这是我要告诉现在年轻人的忠言。在我贫穷潦倒的时候，我在北大荒做一个农民的时候，没有人肯嫁给我。没有必要的经济基础，只凭爱心与执著，连真爱都得不到。”

李晓华的肺腑之言道出了爱情的残酷。如果因为经济原因，你的她提出跟你分手，你默默接受就是，不必为此耿耿于怀，不必为此深陷“伤心太平洋”。因为你即使暂时维系住这份感情，而物质条件又不会在短时间内改变的话，分手是迟早的事。

反过来讲，毕业之时说分手，未必不是一件好事。当你踏入社会后，你的眼界开阔了，这时你也许会发现你的大学爱情是幼稚的，也许会碰上更值得相守一生的人。经过社会的锻炼，你们都变得比以前成熟了，这时做出的选择也许更具有生命力。

有的人之所以很难放弃已经明日黄花的爱情，是因为在就业压力的冲击下，期望用恋人的感情来安慰自己脆弱的心灵，为自己疗伤。但爱情绝不是一根救命稻草。当你打算用爱情来拯救你的命运时，只会让你更加失望，让你更加受伤。正确的做法是，及时放弃这份支离破碎的爱情，尽快从痛苦中走出来。

人生感悟

席慕蓉说：佛把我化成一棵树，长在你必经的路旁，阳光下慎重地开满了花，朵朵都是来世的期待。缘是一种淡淡的情怀，有些伤感有些无奈有些甜蜜有些苦涩；缘有时是深夜的怀念，在静寂中听听自己的心跳；缘是一切的一切，是说又说不明道又道不明的感慨。

有缘和无缘其实就是缘起缘灭，在缘起缘灭中我们度过了一生。多年以后青山依旧在，夕阳依旧红，所不同的是另外的红颜，另外的沧海桑田。

勃朗宁的旷世情缘

人生中也会遇到很多感人的缘分，不经意间的萍水相逢，却发现也可以给予很多。简单的邂逅和错过，也可以在心中烙下清晰的印记。一切渐渐远去，心渐渐冰凉，纵然撕去伪装的冷漠，找寻走过的凌乱足迹。想起曾经的一点一滴，如今只剩下了什么，某些影子徘徊在脑海，怎么能够忘记曾经那些被给予过的美丽？

伊丽莎白·巴蕾特年仅15岁时，骑马的时候不幸摔伤了脊椎骨，下肢瘫痪了，只能困守在楼上的黑暗静室里，在一只沙发上度过剩下的寂寞岁月。她也成了一个残废的病人，生命，只剩下一长串没有欢乐的日子；青春，在生与死的边缘上黯然消逝。莎士比亚与古希腊的诗人是她唯一的慰藉。

然而，到了1844年，39岁的伊丽莎白·巴蕾特，结识了小她6岁的青年诗人罗伯特·勃朗宁，她的生命从此打开了新的一章。

勃朗宁属于那种大器晚成的人，当同期的一些诗人熠熠生辉、名声大噪的时候，认识到他的天才的，只有少数的几个人，伊丽莎白·巴蕾特即是其中之一。有一次，勃朗宁读到巴蕾特的诗，发现她引用了自己的诗句，感到莫大的欢愉和鼓舞。于是，他迫不及待地给这位同行写信，仿佛俞伯牙遇到钟子期一般："亲爱的巴蕾特小姐，您那些诗篇真叫我喜爱至极。"女诗人很快回信说："亲爱的勃朗宁先生，我从心坎深处感谢您。"由此，"一叶薰香"的恋情正式拉开了帷幕。

他们不断地互通书信，交流心得，“彼此贡献早晚的灵感，彼此许诺忠实的批评”。从文学到人生，从爱好到性情。最初五个月密切的通信，使伊丽莎白·巴蕾特原本灰暗的生活豁然开朗，拥有了灿烂的光明。每一天她最开心的时刻，就是黄昏降临，听到邮差的那一声叩门。

后经勃朗宁先生的几次请求，巴蕾特小姐终于准许他去见她。他终于见着了她：可怜瘦小的病模样，蜷伏在沙发上，客人来了都不能起身迎送！他的心里一下子涌起无限的悲悯……

翌日，巴蕾特接到勃朗宁的一封求爱信。在迟暮的岁月里赶上了早年的爱情，这让她既欢欣又自卑。经过彻夜的踌躇，她“忍痛”警告他：再要如此，便一辈子不再见他。勃朗宁慌了，急忙写信去谢罪，解释前信只是感激话说过了头，请求退还原信（信退回时，勃朗宁红着脸将其销毁。他们的通信中单缺这一封，使后来的勃朗宁夫人感到非常懊丧）。

那一次的“风波”过后，勃朗宁依然没有放弃。他住在伦敦的近郊，乡间空气的清新，红的玫瑰、紫的铃兰……不断通过邮差传递到巴蕾特的闺房。巴蕾特压抑在心底的爱，随着初秋的阳光一天天成熟起来。如果一天接不到他的信和鲜花，她就不能安定下来。她的心已为他跳动着了。但她还无法完全放开顾虑：他，一个健康的、伟大的人；我，一个颓废的病人。这公平吗？可爱就是这样炽烈，幸福得让她眩晕，好像活在梦境之中。终于，她不能再固执、不能再坚持。她需要走向新的生活。

爱，真是一个伟大的奇迹。

他们相爱的第二个春天，在沙发上蜷伏了25年之久的伊丽莎白·巴蕾特，终于奇迹般地恢复了健康，真是不可思议。或许这正是爱情的魅力所在。巴蕾特步履轻盈、愉快地走出了病室和囚笼，在阳光的照耀下，在青草与花香间，在小鸟的歌声中，呼吸着清新的空气。也就在那一段时期里，她写下献给她情人的《葡萄牙人十四行诗集》，才华达到了她人生的巅峰。可以说，她的全部诗歌才华都在这部诗集里表现出来，一举奠定了她在文坛上的地位。

可她的爱情，却遭到“无可通融的父亲”的坚决反对。1846年9月12日，女诗人由她忠心的女仆陪伴着，来到离家不远的一个教堂，和她的情人悄悄地结了婚。尽管没有得到父母的祝福，她却并不感到遗憾，且无比欢欣地说：“因为我太幸福了，用不着呀！”一个礼拜以后，她带着女仆、爱犬，还有这一年又八个月积聚起来的一封封情书，悄然离开了家，栖居在著名的 Casa Euidi 岛上，从此过上了幸福的生活。

这令人羡慕的幸福一直延续了 15 年。在这整整 15 年之中，他们如影随形，在罗马、巴黎、伦敦、柏林四处游玩。巴蕾特竟能登山涉水。她给妹妹写信道：“我叮嘱勃朗宁千万不能逢人就夸他妻子跟他一起到这儿去过了，到那儿玩过了，好像有两条腿的老婆是天底下最稀奇的宝贝了。”

1861 年春天的一个傍晚，勃朗宁夫人和勃朗宁说着话，温存地表示她的爱情。半夜时分，她觉得疲倦，便偎依在爱人的手背上小憩。勃朗宁问她觉得怎么样，她轻轻吐出一个无价的字：“Beautiful。”几分钟后，她的头垂下来，在爱人的怀抱中瞑目——“微笑的、快活的，容貌似少女一般”。

伊丽莎白·巴蕾特曾在诗中写道：“我如有其命，完全是他的爱一手救活。”

“美！”徐志摩也叹道，“他们的爱使我们艳羡，也使我们崇仰。”

有相逢就有别离，可是每个人都害怕别离。大家都知道，最后一次的别离就是死亡。我们口里说“天下无不散之筵席”，心里却舍不得喝掉手中的酒，还想再唱一支歌，再唱一支歌。你可不可以不走？

人生感悟

希望好人都能碰到自己生命中的另一半。

幸福从来都不是单面的，在构造自己幸福的基础上同样也不能不考虑到别人的幸福，所以说，在谁也想获得幸福的时候，这种选择，成了一场赌注。记住该记住的，忘记该忘记的，改变能改变的，接受不能改变的。因为有些事情是我们无法控制的，只能控制自己。

战火中的浪漫华尔兹

生活往往是这样，最坏的时刻会绽放出最美的人性之花，会激发我们潜在的力量，奋力拼搏。20 世纪的两次世界大战，给世界人民带来了深重的灾难，而产生于那时的爱情故事，更能引起我们的共鸣。

1918 年的那个夏天，他以一名战地记者的身份随众多战友们一起踏上了硝烟弥漫、战火纷飞的意大利前线。那时候，他不过是个不满 18 岁的孩子，满脑子塞的都是火热的理想抱负。在一次空袭中，他的一条腿意外地受了很严重的伤。

从昏迷中醒来，他第一眼看到的就是她那双美丽清澈迷人的大眼睛。那一瞬间，顾不上疼痛的他，竟然咧开嘴笑了："我爱你！"那句话里，到底有多少爱的成分他自己也不太清楚。她却温和地瞪了他一眼，轻轻地替他清洗腿上的伤口。在她的眼里，他不过是一个英俊而又稚气未脱的大男孩。

由于伤口化脓感染，他的那条腿坏疽了。限于当时的条件，主治医生主张将那条腿锯掉，她却极力反对。她的理由只有一个：他还那么年轻，不能就此永远失去一条腿。那样对他来说也太残忍了。

为了保住他的那条腿，她每隔两小时就要用药水冲洗一遍伤口。可喜的是，一周以后，当他拄着拐杖在救护站的营房里来回走动的时候，她笑着打趣他：小伙子，你又可以回到家乡与你喜欢的女孩儿跳舞了。

他有些害羞，脸也涨红了，却回答得有板有眼：我不喜欢和家乡的女孩儿跳舞，如果有可能的话，我只希望能和你跳。如此火热的表白她不是听不懂，可她很明白，他们之间永远不可能有结果。她比他整整大 7 岁，在她眼里，他只不过是个头脑发热的毛头小子。他却固执地一次一次去找她，丝毫不掩饰自己对她炽热的爱。

她临时被调往另一处前线阵地时，他那时正处于康复期。她走得太匆忙，连告别都没来得及，只匆匆忙忙给他留了一封信，信封里还夹着一枚她从手上摘下来的戒指。他却在不久之后的一天下午拄着拐杖出现在她的面前。那一刻，彼此的眼里都有太多的惊喜。"明天早晨，六点钟的火车，我要回国了，我在火车站旁的一家旅馆里等你。"他也是临时接到的调令，马上要回国了。

样式简陋的小屋，把门轻轻一关，那里便成了爱情的天下，谁也无法干涉。她光着脚丫踩在他大大的脚板上，相拥相吻。他的脚步确实有些笨拙。还是那句话：我不会跳舞。她用一阵热烈的吻回应了他：谁说你不会跳。这是世界上最美丽、最动人的华尔兹。是的，就是那曲美妙的华尔兹陪着他们共同度过了那个终生难忘的夜晚。

黎明，晨光初现，一阵长长的鸣笛，将他和她载向不同的方向。她留在战火纷飞的意大利，他回遥远的美国去。列车刚刚启动，他从车窗里伸出脑袋，孩子气地向她叫："说，你爱我！快说，你爱我！"风很快把他的话打碎，飘散到广袤的原野上。

她怔怔地看着他渐渐远去，却始终没能如他所愿，大声而勇敢地说一句"我爱你"。那句话在她嘴边徘徊了良久，还是被她狠狠地咽了回去。随着她一起咽回的，还有她温热的泪。她爱他，却不想成为他的羁绊。

回国后，他成了众人瞩目的英雄。他给她写信，一封接着一封，叮嘱她在意大利要好好照顾自己。他绘声绘色地向她描述他们将来在美国的小家：美丽的华伦湖湖畔，有一栋老式的房子，你是里面的女主人，把屋子收拾得干净又利索。我在湖畔钓鱼，你负责烧煮……那样的日子，确实令人心驰神往。可他的信却越来越少得到她的回复。在意大利有她的事业，有一个支持她的男人一直在热烈地追求她。事业和爱情面前，她权衡再三，还是选择了留下。

远在美国的他，守在华伦湖湖畔，日日酗酒，摔摔打打，把日子过得一塌糊涂。他无论如何不能理解，她曾经那么无私地把自己的爱奉献给他，为什么在幸福唾手可得的时候决然地转身。

觥筹交错的订婚宴会上，当她被身边的男子拥着共跳一曲华尔兹的时候，她的心，蓦地为一个人疼痛得厉害。她想起了他们共同跳过的浪漫华尔兹，才知道，对他的爱，已深入她的骨髓里了。她不声不响地逃离，收拾好行装，急急去寻找那个美丽、幽静的华伦湖湖畔。她要告诉他，她爱他，再也不能犹豫了。现实却同他们开了一个残酷的玩笑。再次相见，彼此恍若隔世。那张曾经热烈又单纯的脸，已被一层层的沧桑裹住。"再也回不去了，尽管现在的我还是那么渴望拥抱你，可我已做不到了。"面对她晶莹的泪珠，他却再也无力向她敞开自己热情的怀抱。

轻轻一松手，就是漫长的一生。华伦湖一别，他们再没有相见。那个爱笑，有几分腼腆害羞，又勇敢热烈的男孩在此后的生涯中竟然变成一个世人眼里桀骜孤僻的硬汉。她只知道他在写作，成了一名著名的作家，还获得了诺贝尔文学奖。他经历了四次婚姻，却还是在 62 岁那年痛苦地结束了自己的生命。

他叫海明威，因其创作小说《老人与海》而获得 1954 年诺贝尔文学奖，除此之外，他的其他作品也很有影响力。《太阳照样升起》被誉为“迷惘的一代”的宣言，而另一部作品《永别了，武器》则把“迷惘的一代”文学推向了高峰，还有《乞力马扎罗的雪》等小说更是给读者们留下了深刻的印象。

而她就是那个让他一生无法忘怀的爱格妮考茨基。她 36 岁才结婚，92 岁逝世，一直在红十字会从事护理事业，曾获国家最高荣誉奖——南丁格尔护士奖。她在回忆录中这样写道：我生命里的七十年，其实是与他紧紧相连的，尽管我们此后再没有见过面。七十年里，我一直在想，假如当时，他上前去抱一抱我，或者去把我追回来，或许，我们的命运就是另外一种样子。可是，命运又会给人安排多少“如果”呢？

战火中那段浪漫美丽的华尔兹，终究没有在现实里演绎成一个王子公主的幸福童话。这不能不说是一个永远无法弥补的遗憾。但话说回来，假如他们当初真的生活在一起了，海明威或许就无法创作出那些惊世骇俗的伟大作品了。

人生感悟

真爱或爱情不仅意味着浪漫与甜蜜，也意味着付出，意味着牺牲，意味着责任与义务，意味着磕磕碰碰，意味着两人世界磨合的互动与碰撞，意味着同甘苦共患难，意味着容忍尊重与不离不弃，意味着一生厮守牵手白头。

生命的最后旅程

这是一个很俗的话题：假如在你生命的最后一天，你会准备做些什么？答案肯定是五花八门的。

这是一位出租车司机在跌落深谷后，去世之前写下来的，读来让人荡气回肠。

亲爱的老婆：

大概没有什么人会愿意写这样一封信，我却庆幸自己还有时间能借由它告诉你我多次想说却因为太投入工作而从未说出的话：我爱你。

以前你常跟我开玩笑，说我爱我的出租车胜于爱你，因为我跟出租车在一起的时间太多。我的确爱我的出租车，它与我栉风沐雨，历经艰难。不过，我更爱你，你是我的生命支柱。

现在，我伤得很重，已走到人生最后一步了。我想起自己曾错过不知多少次结婚纪念日及你的生日，以及因为我在路上奔忙，使你必须独自去观赏孩子学校的戏剧和球类比赛。

我想到那些你独守家中的寂寞夜晚，不知我人在何处，事情是否顺利……想到我总是惦着要打电话跟你问个好，却不知怎么地，总有各种理由而没有付诸行动。现在，那些理由都不再重要了。

这一生我犯了不少错误，唯一做对的事就是娶你为妻。我自己也无法了解，为什么我一直开出租车，但那是我的生活方式，而你却嫁鸡随鸡，从无怨言。

我的身体很痛，但我的心更痛。当我结束人生旅程时，你却不在我身边。从我们结婚以来，这是我第一次感到孤独。我内心很害怕，也极需要你，但却为时已晚。

可笑的是，现在我所有的只是这部出租车。这辆支配我们生活这么久的可恶出租车，这块我住了这么多年，但现在已扭曲变形的废铁，它无法回报我的爱，因为只有你能。

老婆，我想大概就这样了。我的天啊，我非常爱你！我觉得你与我同在，虽然你我相隔千山万水。我能清楚感觉到你的爱，我无法单独面对这最后一程。

告诉孩子，我也爱他们，教他们不要学我开出租车。

爱你的比尔·路得·肯达尔

人生感悟

每个人都在慢慢学会成长，学会在泪水中微笑，学会拥有和放弃。往事过去了就永远不会再回来。假如时光倒流，假如一切可以重来，你会选择什么？你会更珍惜身边的人吗？你是不是更平和、更淡定？

平凡人的伟大爱情

这是一段催人泪下的真实故事，一个平凡的男孩，一个不幸的女孩，却谱写着一段伟大的爱情。

面对残缺的生命之树，男孩就像厚实的土地一样，一心一意用爱用青春包容扶持着树，不弃不离。在这个充满诱惑的花花世界，面对这样平凡、真实却震撼人心的爱情，我以为，我们所有的人的确要反省自己的爱情观和生命观。

如果不是一场灾难的突然降临，他们的故事会因为他们的平凡而渺小得像一滴水，混迹在今天已太多太多真实抑或杜撰的爱情故事的汪洋中，激不起一点波澜。

他们的爱情缘于一段完美而寻常的青梅竹马的恋情。

她和他从小就是好朋友。小时候，他们生活在河北的一个小村落里。那时的她真的是一个可爱的女孩，最吸引人的是洁白的脸上那一对黑葡萄一样的大眼睛。从小学到初中，他们俩一直是同班同学，非常要好。上初一那年，他也不知从哪儿学来的，偷偷给她递了张纸条，说自己如何喜欢上了她——在他们那里，这个岁数的小男孩对女孩子说“喜欢”，也算得上“壮举”了。

收到纸条那天，她没有任何表示，却也没有将纸条交给老师。但从那以后，他们似乎一如既往的关系中，却悄悄地滋生出一种朦胧的情愫。他看着她如水般晶莹纯真的眸子，一心期盼着他们能快快长大，长大了，他一定娶她做他的妻子。而她的目光也总是不由自主地追寻着他的背影，心里总像揣着个小兔子一样地牵挂着他，日记里悄悄地写满了他的名和姓，梦里总有他的笑洒了一片。

初中毕业后，她似乎理所当然地出落成了十里八村无人不知无人不晓的一朵水嫩嫩的花。而他呢，也不再是那个只会擦着鼻涕传小纸条的男孩儿了，一米七几的个儿，清秀的外表，虽称不上玉树临风，但也绝对算得上是一表人才了。朴素的衣着也难掩他们青春的秀美与风华。这时，他们却双双因为家境贫寒，没有继续高中学业，辍学在家。一年后，两家老人随了一双儿女的心事，托媒人为他们订下了这门亲事。

订婚之后不久，他们便随村里年长一些的年轻人去了北京打工。初到北京，大都市的繁华给了这对年轻恋人太多的梦想，每一个梦想都与他们共同的情怀演绎着的共同的未来有关。他们渴望在这里能够通过他们勤劳的双手用美丽的青春搏一搏，赌一个即使不够灿烂但至少幸福的未来。

静静品尝爱情琼汁，用心打造美好明天的他们，绝没想到一场突如其来的不幸正悄悄地逼近了他们如锦的青春。

那段日子，她总是感到头晕恶心、浑身乏力、食难咽寝难安，便以为是感冒了。经济紧张怕花钱，更怕他担心，她便一个人默默地去药店买来许多治感冒的药胡乱地吃了下去，却久不见好转，脸上渐渐地出现了许多大大小小的黑斑。他察觉了，坚持带她去医院检查。医生说是皮肤病，不碍事，七零八落地开了一堆药回去吃，脸上的斑却像雨后的春笋般越来越多，面积也越来越大。曾经透亮的肌肤而今却仿佛生了锈的铁一样让熟识的人看了无不心痛不已。那段日子，她几乎不敢照镜子，照了便想哭。她甚至不敢抬头走路，她害怕人们同情、审视、好奇的目光。他们终于对医院的诊断产生了怀疑，不得不去了更大的医院检查。医生严肃的面孔，繁芜复杂的检查，度日如年的等待，似乎都在暗示着一个不幸的结果。

医院的诊断结果果然无疑如一个晴天霹雳，只在一瞬间就击碎了他们所有的梦想。她患上了一种不治的血液病，这种病以目前的医学水平无法治愈，只能尽可能地控制。那一天，她感觉自己宛若一只被箭穿膛而过的小鸟，在无限澄蓝的天空里，随着碎裂的胸膛，空中的道路已从此中断。

她哭她闹她吼，要他滚，要他别再为她这个废人耽误自己大好的青春和前程。这时，他滴血流泪的心却认定了，男儿有泪不轻弹，然而看着曾经如花似玉的恋人，被病魔折磨成了如今这般模样，知道结果的那晚，他的眼泪还是止不住地往下流，流了一夜，白天却将微笑刻在了脸上。此后，他就那么日日地对她微笑着，捡起她发脾气扔了一地的药，倒来一杯又一杯被她泼了的水，只说，我想一生一世照顾你，再苦再难也有我和你一起面对，你答应我好吗？她终于扑在他的怀里绝望地号啕大哭。哭过之后，她抬起头，拖着越来越沉重的双腿，微笑着面对每一个过往的熟悉或陌生的面孔。

贫寒的家庭遭遇她这样的病，恰似雪上加霜。他的父母听说了，意图通过媒人坚持要和她家退婚，他却坚定地说，退也罢，不退也罢，我都不会离开她的；过去不会，现在就更不会，将来当然也不会。

为了看病，他们花光了所有的积蓄，举债累累；为了看病，她仍不得不拖着一日重似一日的病体坚持上班；为了看病，他几年来穿的仍是初到北京时买的那身粗糙的衣服，却忘不了，每年她过生日时都会为她添一件可能廉价却让她不禁泪水涟涟的新衣服。

几年就这么过去了，由于药物中激素的作用，浑身浮肿漆黑，一张曾经那样秀美的脸，黑得竟像刷了一层漆，一个曾经那样窈窕的女孩臃肿得几乎不堪，病情却没有丝毫的好转。他依然如故地陪在她身边，微笑着鼓励着她，照顾着她，心疼着她。她常常会有强烈的负罪感，时不时地，她就会对他说，你离开我吧，这是我的命，就让我一个人来承受吧，我不能再拖累你。他却总是同一个回答，你的命就是我的命，再苦再难，让我和你一起微笑着承担。

她生活是早不能自理的了，这许多年，她的每一件衣服都是由他洗，每一顿饭都是他端到桌前，渐渐地却连走路都困难起来，连上厕所也必须他搀扶着。再去医院复查时，又一个霹雳炸响在他们头顶：由于常年服药，激素吸收了过多的钙质，引发了世界公认的恶疾——股骨头坏死。

她昏厥了，想到了死。醒来之后，她黑漆漆的浮肿的手，紧紧地被他握在手里。这么多年没在她面前流过一滴泪的男孩，这时，却无声地哭泣着："你总算醒来了，你怎么这么傻？为了我，你也必须坚强。因为，这一生，我只想和你在一起。我做这一切是因为我爱你，这不是说割舍就能割舍的同情或是怜悯。你怎么就不明白呢？"

死过一次的她，说她不会再自己选择死了，她要和他一起笑看命运。于是风里雨里，朝九晚五，人们在北京那条繁华的街道上，总能见到一个帅气的男孩骑着一辆破单车，驮着一个丑陋的女孩子说着笑着，仿佛生活在他们面前是花团锦簇。

这般帅气的男孩日日搀扶着这样一个丑陋且残疾的女孩出出进进，自然会吸引太多异样的目光。她问他："你会觉得难为情吗？"

他淡淡笑过："为什么要难为情？"

"我丑。"

"不，在我心里，你一直都是最美的，你的眼睛还是那么大那么亮。"

……

人生感悟

你爱过吗？你明白爱的意义吗？如果你真的爱了，相信你会明白的！真爱是有的，要看你有没有发现！没有永恒的爱，但有永恒的情呀！情爱是相互的，爱情是美好的！

相信吧！人世间总有真情的！

宁愿此爱，淡如绿茶

爱情，有时候，是一件令人沉沦的事情。所谓理智和决心，不过是可笑的自我安慰。

爱情从来都是一种束缚，追求爱情并不等于追求自由。自由可贵，我们用这最宝贵的东西换取爱情。因为爱一个人，明知会失去自由，也甘愿做出承诺。

那时候的他也不过是个骄傲的年轻人，他有一个很要好的朋友，单名一个"鹏"字。

和所有年轻过的人们一样，他们交情笃定，称兄道弟，血浓于水，誓同手足。

然而，空气里有了期待爱情的味道。

有一天，他失恋了，天天愁眉不展。

鹏说，我们一起去旅游吧，去散心。于是他们一起出发了。

那是一个十分著名的风景区，山高，峰险，人多。鹏兴致盎然，而他郁郁寡欢，爬了一天山后再也提不起精神，借口不舒服在山下宾馆里呼呼大睡，只有鹏一个人上山。

于是先认识了她的，便是鹏而不是他。他们三人很快成了好朋友，来自同一个城市，在鹏上山的途中遇见。她美丽温柔，他们正当优秀，彼此都有着仙履奇缘般的微妙感受。

他们那时都还年轻，以为一切可以由自己做主。他和鹏私下里约定，无论将来她选择了谁，彼此都仍然是好兄弟，只要彼此祝福就好。

但是当她红着脸，接过了他送来的玫瑰时，他仍然意外，他狂喜过望。他知道自己并不比鹏优秀更多啊，况且鹏先他遇见她。他没有想到自己的运气是如此之好，爱情里居然不分先来后到。

他疯狂地大喊着，高呼着抱着她旋转、旋转，亲吻如雨点般落在她的脸上、头发上。此时他正嗅到她的发间传来绿茶的淡淡清香。

她说好喜欢绿茶，喜欢一切都是淡淡的，却永远的沁人心脾。

她说她希望他们的爱也能永远像绿茶一样，虽然淡淡的，却能历久弥新。

他和她很快陷入了最深的热恋，越是深入，越是发现她的美好。他终于明白此前的生命肤浅，考验有如夏花，转眼凋零，他收获的是甜蜜的秋的果实。

但考验其实刚刚开始。

在热恋的第三个月，他发现了她的忧愁。她的忧愁像雾一样笼在她的眉间，让他有着蚀骨的疼。

他问她为什么，她总是闪烁其词。

他问得多了，她只摇头不语，渐渐地急躁起来。两人经常为此事争吵，有时候会惊动四邻。

一次他负气离去，一星期未曾联络，再见面时，她平静地对他说分手。他不能接受这样的事实，一定要她给个答案。她拗不过，眼底渐渐积了泪。

她拿出一张照片，上面是他和他的前女友。

她轻声向他道歉。她说："鹏已经全告诉我了，她才是你今生的最爱。可是结婚之前，她却因车祸离你而去，这是你一生永远的痛。遇到我，你发现我和她长得有几分相像，索性把对她的感情寄托在我的身上……我爱你，但我不想做一个爱的替代品。"

她的眼泪终于滑下来，黯然离开。

他五雷轰顶地在立在原地。他自己清楚地知道，之前的那段恋爱与分手都是多么普通，与结婚、车祸没有任何关系，他甚至看不出他的前女友与她长得相似之处——但是爱情盲目，他能懂得她的痛。

他去找鹏，曾经的兄弟面对面地站在一起，如今只剩缄默。

“我爱她，虽然不光明，我还是想最后一争。”鹏终于说，“我们走，我去向她承认真相，是我骗了他，让她自己再做一次选择。”

他心如刀绞，看出了鹏眼里的绝望，却也无能为力。

他们三个终于又在一起，深秋的街边，旋转着萧瑟的落叶。

她不明白他们俩究竟要对她说什么，她看着他，他看着她。

对不起，我是真的爱你……他们都听到鹏终于说了这样一句话。

可是，这也是鹏说的最后一句话。

一辆失控的车突然横冲直撞了过来，没有早一步也没有晚一步，恰在这一瞬间。鹏的身体飞过了他们的视线，那一声爱的句子仍在耳边，像一曲未完的音乐，淌着泪，滴着血。

真相就在这未完的音乐里，永远地结束了。

“也许就是这样，对谁都好。”他轻轻地说。

“你为什么后来不告诉她真相？是鹏骗了她！”有人问。

他缓缓闭上眼睛，微笑。“不了，她是一个害怕疼痛和复杂的女子，真相对她来说，太残酷了。其实，淡一点，再淡一点爱，真的没有什么不好。”

这是五十年后的深秋，特护病房里，他渐渐睡去如婴儿，阳光从窗外投影在他花白头发上，他的面容安祥。

门外，一个同样发已花白的老太太缓缓放下了欲叩门的手，她轻轻地拭掉了眼角的一滴眼泪，然后微笑着，慢慢离开。

他不知道，她其实早在鹏飞出去的一刻，就明了真相。可是，再美的爱情，也抵不过一条生命的沉重。

她宁愿一生保留最美的记忆，在回忆里爱情永远单纯，他们不离不弃。

两个人的一生就这样各自地过去了。空气中，渐渐飘满了绿茶的清香。

人生感悟

喜欢是什么？爱是什么？喜欢，只有在一起的时候，才惦记着对方；爱，是哪怕是在一起，每一秒钟也都在思念他（她）。喜欢一个人，但并不一定爱。

爱就是你如果走了一步，我会走完剩下的九十九步。

回忆总是选择性地过滤，我们情愿选择那些美好的，这也许就是爱情美妙的地方吧。

用一辈子说的一句话

有一个女孩子，小的时候腿不利索，常年只能坐在门口看别的孩子玩，很寂寞。

有一年的夏天，邻居家的城里亲戚来玩，带来了他们的小孩，一个比女孩大五岁的男孩。因为年龄都小的关系，男孩和附近的小孩很快打成了一片，跟他们一起上山下河，一样晒得很黑，笑得很开心。不同的是，他不会说粗话，而且，他注意到了一个不会走路的小姑娘。

男孩第一个把捉到的蜻蜓放在女孩的手心，第一个把女孩背到了河边，第一个对着女孩讲起了故事，第一个告诉她她的腿是可以治好的。第一个，仔细想来，也是最后一个。

女孩难得地有了笑容。

夏天要结束的时候，男孩一家人要离开了。女孩眼泪汪汪地来送，在他耳边小声地说："我治好腿以后，嫁给你好吗？"男孩点点头。

一转眼，二十年过去了。男孩由一个天真的孩子长成了成熟的男人。他开了一间咖啡店，有了一个未婚妻，生活很普通也很平静。有一天，他接到一个电话，一个女子细细的声音说她的腿好了，她来到了这个城市。一时间，他甚至想不起她是谁。他早已忘记了童年某个夏天的故事，忘记了那个脸色苍白的小女孩，更忘记了一个孩子善良的承诺。

可是，他还是收留了她，让她在店里帮忙。他发现，她几乎是终日沉默的。

可是他没有时间关心她，他的未婚妻怀上了不是他的孩子。他羞愤交加，扔掉了所有准备结婚用的东西，日日酗酒，变得狂暴易怒，连家人都疏远了他，生意更是无心打理。不久，他就大病一场。

这段时间里，她一直守在他身边，照顾他，容忍他酒醉时的打骂，更独立支撑着那爿摇摇欲坠的小店。她学到了很多东西，也累得骨瘦如柴，可眼里，总跳跃着两点神采。

半年之后,他终于康复了。面对她所做的一切,他只有感激。他把店送给她，她执意不要,他只好宣布她是一半的老板。在她的帮助下,他又慢慢振作了精神。他把她当作是至交和好友，掏心掏肺地对她倾诉，她依然是静默地听着。

他不懂她在想什么，他只是需要一个耐心的听众而已。

这样又过了几年,他也交了几个女朋友,相处时间都不长。他找不到感觉了。她也是，一直独身。他发现她其实是很素雅的，风韵天成，不乏追求者。他笑她心高，她只是笑笑。

终于有一天，他厌倦了自己的生活，决定出去走走。拿到护照之前，他把店里的一切正式交给了她。这一次，她没再反对，只是说，为他保管，等他回来。

在异乡漂泊的日子很苦，可是在这苦中，他却找到了开阔的眼界和胸怀。过去种种悲苦都云淡风轻，他忽然发现，无论疾病或健康，贫穷或富有，如意或不如意，真正陪在他身边的，只有她。他行踪无定，她的信却总是跟在身后，只字片言，轻轻淡淡，却一直觉着温暖。他想是时候回去了。

回到家的时候他为她的良苦用心而感动。无论是家里还是店里，他的东西他的位置都一直好好保存着，仿佛随时等着他回来。他大声呼唤她的名字，却无人应答。

店里换了新主管,新主管告诉他,她因积劳成疾去世已半年了。按她的吩咐，她一直叫专人注意他的行踪，把她留下的几百封信一一寄出，为他管理店里的事，为他收拾房子，等他回来。

他把她的遗物交给他,一个蜻蜓的标本,还有一卷录音带,是她的临终遗言。

带子里只有她回光返照时宛如少女般的轻语 :“我……嫁给你……好吗？”

抛去二十八年的岁月，他像孩子一样号啕大哭起来。

没有人知道，有时候，一个女人要用她的一生来说这样一句简单的话……

来最多的人，当然是跟我们在一起最久、最亲近的人，而新欢呢，又还没开始有得罪你的机会，再加上他的刻意讨好，所以新欢怎么看怎么可爱，旧爱怎么看怎么讨厌。但别忘了，新欢身上总是有不确定的未知数，旧爱身上就是有难得的熟悉感、确定感、信赖感。千万不要随便在偶然的“际遇”中迷失了自己，错放了幸福温暖的手。

所以萧伯纳的话，是要提醒情人不要太钻牛角尖于寻觅唯一，应该把精神用在学会经营幸福的能力上，同时也提醒我们“弱水三千，只取一瓢饮”。若有幸遇到了难得的伴侣，就不要再三心二意了，因为我们永远不知道一生何时会遇到两万个其中的机会，所以要知福惜福、活在当下。

读完这篇短文，刘眉感觉那个飘忽、游弋的自己重新回到了现实中。她突然如醍醐灌顶般清醒起来。看看酒吧墙上的钟表，离他们约好的见面时间还有一刻钟。

刘眉突然好懊悔自己早上的冲动，冲动地给他打电话，约他出来见面，甚至还憧憬着与这个无情抛弃她的男人鸳梦重温！

“对不起，我有事不能赴约了。”刘眉给他发短信。

从酒吧出来的时候，正是下班的高峰期。走在大街上，刘眉突然想起一句歌词，“投入拥挤的人群，也许是一种不错的解脱”。

还没到家，在上海出差的老公就打来了电话：“老婆，你在哪里？快回家，我有礼物送你！生日快乐！”

打开家门，儿子已经在家了，按说此时他应该在学校的。儿子说：“妈妈，爸爸特意让我给你订的蛋糕，还有玫瑰。美人儿，你好幸福啊！”

“美人儿”，儿子总是学着蜡笔小新的口气这样叫刘眉，刘眉也总还击她以“我的乖儿子”。

此时的刘眉终于明白：老公和儿子才是自己“生命中的礼物”。

那天晚上，刘眉总结了 38 岁女人的爱情重点：无论是爱情还是婚姻，都该是填空题，而不是选择题；幸福从来就不是能得到多少，而是享受你已经得到的；选择你所爱的，爱你所选择的。

人生感悟

相爱的人需要忍受多大的折磨、痛苦和寂寞？只有意志坚定、自我控制能力强、耐得住寂寞的人，才有可能感受到这些。

寂寞从来不该是更改答案的借口，也不该是出轨的借口。

快乐，不必刻意追求

《时代周刊》上曾登过一篇文章，谈到第二次世界大战时，有个士官在瓜答卡纳岛战役中被炮弹碎片刮伤喉咙，输了七筒血。他写了张纸条问医师："我会活下去吗？"医师回答说："会的。"他又问："我仍可以讲话吗？"他又得到了肯定的答复。于是这个士官在纸上写道："他妈的，那我还有什么好担心的？"

你为什么不停止忧虑，对自己说："他妈的，我还有什么好担心的？"也许你就会发现，事情其实微不足道，不值得操心。

罗根·帕索·史密斯说过一句极富智慧的话："生命中只有两个目标：其一，追求你所要的；其二，享受你所追求到的。只有最聪明的人才可以达到第二个目标。"

我们很多人都有这种切身感受：当自己春风得意之时，便会感觉生活处处充满阳光；而一旦遇到困难，或身处逆境时，就觉得生活阴暗，甚至感到世界的末日即将来临！因此，个人主观性在一定程度上影响和改变着人们的生活和事业。其实，我们每个人拥有 90% 的长处，而只有 10% 的不足。问题是，你如何发现和对待这 90% 与 10% 的关系。当你将自己的 90% 与他人相比时，你不禁会感叹：原来我如此富有！

艾迪·瑞肯贝克和朋友在太平洋上绝望地漂流了 21 天之后，说道："我学到了一点——人只要有淡水喝，有东西吃，就没什么好抱怨的了。"

在我们的生活中，约有 90% 的事情是好的，10% 的事情是不好的。如果你想过得快乐健康，就应该把精神放在这 90% 的好事上面；如果你想着担忧、操劳，或得肠胃溃疡，就可以把精力放在那 10% 的坏事情上面。

《格列佛游记》一书的作者斯威夫特是英国文学史上最颓废的厌世主义者。他每次生日都黑衣素食，以示对自己来到这个世界感到遗憾。虽然如此，他仍然赞美幸福是促进健康的最大力量。他宣称："世上最好的医师是节制医师、安静医师和快乐医师。"我们也许都能受到这位"快乐医师"的免费服务，只要我们注意自己拥有的可贵财富——比故事中阿里巴巴的财富还多。你会为亿万富翁出卖自己的眼睛、手足、听觉、孩子或家人吗？把拥有的资产加起来，你就会发现，纵使洛克菲勒、福特和摩根等人所有的金银堆聚起来，也买不到你所拥有的一切。

但是，我们为这一切而心怀过感恩吗？没有。就像叔本华说的："我们很少想到自己所拥有的，却总是想到自己所没有的。"不错，这就是人世间最大的不幸。

著名作家梭罗每天早晨的第一件事，是告诉自己一个好消息。然后，他会对自己说："我能活在世间，是多么幸运的事。如果没有出生在世，我就无法听到踩在脚底的雪发出的吱吱声，也无法闻到木材燃烧的香味，更不可能看见人们眼中爱的光芒。"于是，他每一天都满怀对生命的感激之情。

其实，快乐的经历也许正如花的芳香，或是从窗帘透过的金色阳光，或者仅是一句友好的话、一件小小的善举、一首优美的乐曲。但是，你必须在睡觉前去寻找这样快乐的体验，这是你入睡前最有价值的一件事。

如果你的工作值得你付出代价，你就要激励斗志，永不满足。不满可能是积极的或消极的，好的或坏的，这完全取决于你的心态。

富兰克林人寿保险公司前任总经理贝克说："我敦劝你们要永不满足。不满足的含义不是心灰意冷，而是上进心的不满足。这种不满足在全世界的历史中已经产生了很多真正的进步和改变。我希望你们绝不要满足。我希望你们永远迫切感到不仅需要改进和提高你们自己，而且需要改进和提高你们周围的世界。"

不满足能激励人们从弱者变成强者，从失败走向成功，从苦难走向幸福，从贫穷走向富裕。

当你犯了错误时，你该怎样办吗？当事情出了问题时，当他人对你产生误解时，当你遭遇到失败时，当一切都似乎暗淡无光时，当你的问题看起来好似得不到令人满意地解决时，你又该怎样做呢？

难道你就无所作为，听任困难压倒你呢？难道你就束手无策，逃之夭夭吗？

面对困难你能激励斗志，把不利条件变为有利条件吗？你能确定你需要什么吗？当你认识到你所向往的目标能够并将要实现时，你能应用切实而清醒的思考并积极行动起来吗？

拿破仑·希尔说："每种逆境都含有等量的成功的种子。"你想想，在过去有些事情似乎有巨大的困难或不幸的经历，它们却鼓舞着你取得了成功和幸福；没有这些东西，你反而不会取得这种成功和幸福。这种情况难道不是真实的吗？

永不满足能够激励你取得成功。爱因斯坦是不满足的，因为牛顿的定律不能解答他的一切问题，所以他不断地探究自然，终于提出了相对论。根据这种理论，人们找到了击破原子的方法，懂得了质量与能量相互转换的关系，并成功地征服了空间，解决了许多令人费神的问题。如果爱因斯坦没有这种永不满足的精神，这些成就是不可能取得的。

当然，我们并非都是爱因斯坦，我们的奋斗结果不一定能改变客观世界，但它却能改变我们的主观世界，使我们能沿着我们所要走的道路前进。

人生感悟

其实，快乐不必刻意追求，就像苏格拉底说的："其实快乐并非刻意去寻找，它其实就在我们每个人的身边，只要你们融入生活，有目标，有追求，投入地去做一件事情，并做好每一件事，那么快乐就会如约而至。"

想得开与想不开

生命是在什么状态下成长呢？生命是在快乐、舒展的状态下成长。人人都想快乐、都想找到陈明歌里的"快乐老家"，可总是怎么走都走不到。

其实最复杂的问题往往要把它最简单化，简单来说，就是："开"心是福，"关"心是魔。

为什么"开"心是福？想开了。人想开的时候，心灵之门是敞开的，什么都看清了，就不怕了。

人的恐惧都来自看不清，想开了，恐惧没有了，心情就好了，一好百好，人逢喜事精神爽。在想开的时候，人的目光总盯着光明的地方，生命处于一种开放、旺盛状态。

为什么“关”心是魔？想不开了。心灵之门关闭了，“一朝被蛇咬，十年怕井绳”，觉得这个世界上充满了黑暗。心灵之门一关，一切都看不清了。因为看不清而充满了一种警备、焦虑的心理，心情当然不好。

有一个小故事是这样说的：一个旅者来到一片没有路、没有草甚至连一株蒺藜都没有的大漠，在广阔灰暗的天空下，他看到一群人排成一队，从远处走来，向远处走去。所有人都是驼背，因为他们每个人的背上都背着一个巨大的怪兽。怪兽丑陋而狰狞，有力而有弹性的肌肉把人紧紧地贴着，并用巨大的前爪抠住背负者的胸膛，以便它的大脑袋能紧压在人的额头上。旅者问他们，这样匆忙是要去哪儿。所有的人都茫然不知。但是很明显，他们是要去什么地方，被一种强烈而不可控制的欲望所驱使和推动着。

最奇怪的是这些人没有一个对压在自己身上的怪兽感到愤怒的。相反，他们似乎认为这怪兽是自己的一部分。他们的表情疲惫而严肃，没有露出绝望，但却一直是无可奈何、注定要永远地走下去的神情。他们就这样不停地向前走着，脚陷在沙中。很快，风沙就淹没了他们的足迹，直到天际。

现实中，我们每个人又何尝不是时时背负着怪兽却又不自知呢。

问题的关键又不在于是否自知，因为我们的欲望如此之多，一生中难免会有几次有意或者无意地背负上怪兽，有时发现了怪兽的存在，将之狠狠地摔在地上，可不知不觉间或许就又背上一只或者更多的怪兽，就这样周而复始。我们总是在偶然拾起、背负前行、忽然发现、痛苦衡量、狠心抛下的循环中与怪兽们斗争。

其实，问题真正的重点应该是不让怪兽的爪子将我们紧紧地抓住，当我们沉迷于什么的时候，多问问自己是不是开始背负上怪兽了，是不是为它而不是为自己而前行了。

人生路上，请在怪兽永远地抓牢你之前识别它并采取措施，只有这样，我们才能轻松前行。

人生感悟

人生就如同一次旅行。你可以列出清单，决定背包里该装些什么才能帮你到达目的地。但是，记住，在每一次停泊时都要清理自己的口袋，什么该丢，什么该留，把更多的位置空出来，让自己活得更轻松、更自在。

放弃该放弃的是无奈，放弃不该放弃的是无能；不放弃该放弃的是无知，不放弃不该放弃的是执著。

爱，错过了就不在了

女孩说："我爱你。"男孩笑了。女孩又说："我真的爱你。"男孩还是笑。女孩说："你根本不爱我。"男孩沉默了。女孩哭着离开了，跑得很远很远。男孩站在原地，怔怔地，他自言自语道："其实我也爱你，只是不知道怎么去爱你。"

女孩倒在秋千上，男孩用力地推啊推啊。

男孩在进行篮球比赛，女孩叫破了嗓子，第二天出现在男孩面前说："昨天你真棒。"

女孩说："我要最漂亮的那朵。"男孩奋不顾身地爬上树，然后遍体鳞伤地对女孩说："给你。"

男孩的头上出现了一点点的红色，女孩紧张半天却还说着"我才不在乎。"

女孩说："我累了。"男孩蹲下身子，说："上来吧，我背你。"

男孩的成绩超过了女孩，女孩心里高兴依然，说"下不为例"。女孩第一次学滑板，摔得体无完肤，男孩一边骂着小傻瓜，一边用手小心地擦拭着伤口，然后眼眶中满是眼泪。

男孩在全校获奖，女孩摇摇头说："你还差点"。

女孩知道男孩喜欢她，所以她不会自己开口。

男孩知道女孩喜欢他，可是他不知道怎么开口。

女孩说："我们明天去海边。"男孩今天就搞到了所有的地图。

男孩想喝一口开水，女孩为他捧来了整桶饮料。

男孩说明天想喝咖啡，女孩今天就买好了所有的品种。

女孩说：“我不会对自己不喜欢的男孩要求太多。”男孩说：“还好，你对我要求很少。”

男孩说：“我不会让自己不喜欢的女孩坐上自己的单车。”女孩笑了，说：“还好，你从没有把我当成女孩看待。”

女孩说：“如果我遇见喜欢的男孩，一定用眼神杀死他。”男孩说：“怪不得你从没有对我说放过电。”

男孩说：“如果我遇见我喜欢的女孩一定背着她满世界地跑。”女孩说：“还好，你背我的路程只够地球半径的四分之一。”

女孩说：“我喜欢的男孩一定是最棒的，他一定会骑着白马来找我。”男孩说：“现在已经不允许私自贩卖马匹。”

男孩说：“我喜欢的女孩一定比关之琳还关之琳。”女孩说：“关之琳已被列入老人名单内了。”

女孩说：“我喜欢的男孩一定会在新年的十二点打电话对我说我爱你。”男孩说：“这样的话，电话费会很贵，相当于一个世纪。”

男孩说：“我喜欢的女孩一定会在我沮丧的时候给我安慰。”女孩说：“现在连个保姆都会给你安慰，因为你给她钱。”

女孩说：“如果他爱我，就算我到天涯海角，他都找得到我。”男孩说：“那你一定要找个地理知识很好的人，不然没有找到倒把自己弄丢了。”

男孩说：“如果她爱我，一定会知道我在想什么。”女孩说：“那你一定得找个占卜师，因为她连你有没有藏私房钱都知道。”

女孩说：“你们男孩都不浪漫。”男孩说：“因为我们都没有钱去浪漫。”

男孩说：“你们女孩一天到晚只知道胡思乱想。”女孩说：“因为别的都要花钱。”

女孩说：“我喜欢的男孩一定要比我强。”男孩说：“可怜的我只有一次没有超过你的记录。”

男孩说：“我喜欢的女孩一定不要太聪明，否则我会迷失方向。”女孩说：“可惜我总是和你在极端的两头。”

男孩想对女孩说“我爱你”时女孩走了，女孩想对男孩说“我爱你”时男孩死了。

女孩问男孩："如果有下辈子，你希望爱几个人？"男孩说："两个，我和我爱的人。"

男孩问女孩："如果有下辈子，你希望爱几个人？"女孩说："一个，因为我爱的人没有对我说我爱你。"

人生感悟

如果说，人生是一本书，遗憾不啻是一串串省略号，空白之处，蕴含着深刻的哲理；如果说，人生是一幕音乐剧，遗憾不啻是一个个休止符，无声之中，酝酿着新的活力！瞬间的寂静，凝聚起下一个乐章的序幕。

生命中最爱你的女人是谁？

记住该记住的，忘记该忘记的，改变能改变的，接受不能改变的。因为有些事情是我们无法控制的，只能控制自己。正如你出生的时候，你哭着，周围的人笑着；你逝去的时候，你笑着，而周围的人哭着！一切都是轮回，我们都在轮回之中。所以珍惜时间，感受生活！

其实这世界上是没有一样东西能真正保留下来，所有的都像水一样，要是它在流着，它就流走了；要是它是存着，它就干了！爱情没了，亲情还在，让人不忍离去。

所以当你觉得生活单调无聊的时候，不妨看看下面这个故事：

我永远都会记得那个晚上，我像平时一样在看体育新闻，妻子洗了澡出来对我说："我的脚上怎么多了一颗黑痣？"

我是一个毫无医学常识的人，觉得女人都喜欢大惊小怪的，就没有理会她。

我们的生活应该说是很和谐，很安逸的。从我在公司任了高职之后，她就当起了全职太太。我的工作三天两头要加班，还经常出差，有时候一走就是几个星期。出差在外，别人都会很担心家里老人身体如何，孩子功课怎么样。而我，总是悠闲笃定的，我知道，她会去照顾我父母，她会辅导儿子功课。事实上，羡慕她的人和羡慕我的人一样多。在别人眼里，她不用朝九晚五看老板脸色；我们早就买了车，住进了三室两厅。我们虽然都不知道浪漫是怎么回事，但感情一直很好。

妻子以前是一个药剂师，有一点医学常识。她知道这种莫名其妙，不痛不痒，忽然长出来的黑痣很可能是有问题的。她自己去看了医生，诊断下来是皮肤癌。这个结果把我们一下子就吓蒙了。那些日子，我陪她跑遍了北京所有的大医院。所有的诊断都如出一辙，并且一位很有名的医生告诉我，她得的这种癌症的死亡率是 90%！是皮肤癌中最凶险的一种。

不久，就像医生预言的，她的腿上、胳膊上、背上也不断长出新的黑痣来。她的身体和精神也渐渐开始衰落。

在我的印象中，我还会偶尔感冒、发烧、肚子疼，我太太几乎没有生病的时候。可是现在，从来闲不住的她终于躺到了医院的病床上。

没有了她的家变得冷冷清清的。厨房里没有了热气，卫生间的马桶、家具上都蒙了灰。以前明亮的温暖的，回来就感觉舒服的地方变成了一个我几乎要不认识的地方。我对家里的许多东西居然是陌生的，用微波炉解冻、蒸饭，我搞了半天不知道分别用哪一档，冲一杯咖啡或者茶，煮一碗速食面、热一碗汤，材料是一样的，弄出来的味道怎么就是同她弄的不一样。以前，她轻而易举就递给我的日用品，现在我翻遍了抽屉还没有找到。

从她住院，我就开始休公假、请事假，尽力多陪她。因为这时候我才明白，如果没有一个家，如果家里没有一个体贴的妻子，男人挣再多的钱，在外面再风光也是空的。

就在她病情趋向恶化的当口，一位熟人告诉我在广州有一个专门治疗这类皮肤癌的医院，有类似的病例在那儿被治愈过，但费用很高，一个疗程三个月，大约要 30 多万元，治愈率大概有 30%。

当我把这个消息告诉妻子的时候，被病痛折磨得近乎失神的她对我清清楚楚地说了三个字：我要活！真的，我以前从来没有觉得我们是多么恩爱的夫妻，可是，那一刻，我觉得我们是世界上最相爱、最适合做夫妻的男女，我们能够生活在一起有多么好。她要活，我要她。我们要一起老，一起等儿子长大，一起听儿子的儿子喊我们“爷爷、奶奶”。我下了决心陪她去广州。我去公司请事假的时候，我还听到有同事在轻声说：“如果是我，就省省了，20万哎，万一没治好，不是人财两空嘛。”

说这些话的人没有体会过亲人将要离去的悲哀，也不知道这一线生机带给我们的希望。当时我想，哪怕是40万、80万，把房子卖了把车卖了，只要她能够活，我也心甘情愿。

去广州之前，我到家附近的超市去买一些需要的日用品。中秋节的前夕，超市里到处都是兴高采烈的脸，人们说着笑着。我忽然觉得，我同那群快乐的人隔离了，所有的欢声笑语从妻子得病那刻起就已经同我没有关系了。

我按照她开给我的单子买了许多日用品，当我提着袋子出门的时候觉得很重，那么多年来，家里吃的用的一切都由她安排得妥妥帖帖的，我从来不知道米多少钱一袋，油多少钱一桶，我从来不知道这些东西从超市运到家里其实也是很累的一件事情。我一度觉得家里的顶梁柱是我，当她骤然倒下的时候，我才意识到，她才是家里的主心骨。

我们在广州度过了结婚以来最亲密的日子，那三个月里，我们朝夕相处寸步不离，常常一起笑一起哭，想不起来有多久我们没有这样倾心交谈了。开头的一个月治疗下来，她似乎觉得好一点了。偶尔，我还搀着她在花园里散散步。我们回忆在公园门口的第一次见面，第一次看电影是在劲松电影院，是一部叫《泰坦尼克号》的电影，是一部不可不看的经典电影。她告诉我，其实我约她看这部电影的时候，她已经与同学一起看过了，但她不忍心回绝我，所以陪我一起又看了一遍。这个情节我们似乎只在蜜月的时候回忆过，现在说起来，只觉得伤感。结婚这么多年来，我们从来没有在一起说那么多的话。

三个月里，我眼看着她慢慢地憔悴，特殊治疗对她不起作用，她终于连一碗粥也喝不下了。到了后来，她跟我说：“我想回家。”就这样，我们带着绝望的心情回到了家。

回家之后，她的身体越来越弱，并且癌症病人最害怕的疼痛症状开始显示出来。她整夜整夜地睡不着，整夜整夜地被疼痛折磨得辗转反侧痛苦呻吟，止痛针也不起作用了。我恨不得去代她受苦，代她痛。我实在没有办法用个人的力量来承受这种痛苦了。

偶尔她觉得好一点儿的时候，就开始向我交代家事。我这才知道，家务事那么多那么繁琐，她一个人平时在家里有多么忙碌。她还告诉我说，我每次吃了觉得好吃的猪蹄是在哪家饭店买的，我平常穿的内衣要买哪一个牌子，到哪家超市去买。去世的前三天，她甚至教我怎么使用洗衣机，那只已经用了好几年的洗衣机当时是我同她一起去买的，买来之后就一直是她在操作的。

临终前几天，她一直说，同我结婚她很幸福，我们在广州的三个月，是她一生最幸福的日子。那三个月也会是我一生的珍藏，虽然，因为这三个月，我失去了提升的机会，损失了许多物质的东西，但同与妻子的相守比起来，所有的东西都成了身外之物。幸好有了那三个月，否则我一生都会良心不安的。

她去世的那天，很平静。我告诉儿子，妈妈是去了另一个地方等我们，将来我们还会在那里团聚的，那时候，妈妈还是妈妈，爸爸还是爸爸，他依旧是我们的孩子。

现在，我最怕看到人家快快乐乐的一家三口，每次路过公园，路过原来的电影院，路过我们一起去过的超市商店，我都忍不住要哭。用洗衣机的时候，按微波炉的时候，我为儿子找换季衣服的时候，加班回家晚了，为自己泡方便面的时候，半夜里醒来，一个人睡在那张大床上的时候，我都想哭。她在的时候，我并没有感觉到有什么特别的幸福，她就是我结婚多年感情还不错的妻子，是孩子的妈妈。她不在的时候，仿佛天塌了。

以前看到电视剧里的男人在爱人去世之后大哭，我觉得是煽情的表演，现在我跟着他一起流泪。

我为她买了一处墓穴。我用红笔涂上“爱妻”两个字的时候，心里特别难过。我不是一个善于表达感情的人，谈恋爱的时候，我也不曾对她说过“爱”这个词。

看到她有时候翻琼瑶小说，为肥皂剧里的爱情流泪，还要笑她。现在，“爱”这个字，我居然只能书写在她的墓碑上。我的爱妻，如果，她能重新活过来，我愿意千百遍地对她说这个“爱”字，这个所有的女人都愿意从自己爱人的嘴里无数次地听到的字，为什么，我没有在她希望我说的时候，在她健康的时候对她多说几次啊？！

人生感悟

妻子，是世界上最爱你的，最懂你的，最愿意为你付出一切的女人，此外任何一种男女之情都不能同夫妻之间的真情相比。

那些健康而幸福地生活的丈夫，好好地爱惜你的妻子，多留一点时间给妻子，不要忽视她为你做的一切。有许多东西，不要到失去了才懂得她的美好。

此爱绵绵无绝期

当你心疼一个人的时候。爱就在你的心里。爱，使你时时记挂着心上人的冷暖和饥饱，惦念着心上人的行止和需要，是一种难以舍弃的无私之爱。

曾在报纸上看到这样一则很感人的真实报道。

有一对夫妻，妻子在下班的路上发生车祸，住进了医院。动过手术后，身体没什么大碍，只是双腿留下了后遗症，每天都会感到轻微的疼痛，尤其到了晚上，疼得更厉害。丈夫带着妻子跑了多家医院，也没能消除妻子双腿的疼痛。后来，听一位老中医说，如果天天能有人给妻子的双腿做按摩，她双腿的疼痛就可能减轻或消失。丈夫决定去学习按摩，要天天为妻子的双腿按摩，来减轻妻子的疼痛。

每天早晨起床后，丈夫的第一项工作就是为妻子的双腿按摩。到晚上，吃过晚饭，丈夫也要为妻子的双腿按摩。只要在家里，丈夫每天都会为妻子按摩两次，减轻妻子双腿的疼痛。就这样一直坚持了30年，现在头发花白的丈夫依然在坚持着。

记者在采访时问这位令人敬佩的丈夫："这么多年，你怎么能坚持下来呢？你真了不起啊！"丈夫笑笑说："按摩，这又不是什么困难的事情，她的腿每天都会疼，我是她丈夫，我不心疼她谁心疼她，为她按摩减轻她的疼痛这是应该的呀。"他的话是那么朴实、那么自然和真诚。

我几乎是噙着眼泪读完这则新闻报道的，一时又想起在福建沿海一带流传着的一个很感人的故事。

一对贫穷的夫妻，为了改变家境，丈夫决定外出经商。走的那天，天正下着雨，在泥泞中丈夫滑倒了。妻子看在眼里，疼在心里。于是，妻子就从丈夫走后的第二天开始，每天都会搬石头铺在自家门前的那条路上，以免丈夫回来时再次滑倒。

这条路被妻子铺了几十年，弯弯曲曲向丈夫走的方向延伸着，铺路的石头从斗笠般大渐渐变成鹅蛋那么小，因为她已经老了，老得走不动了，根本搬不动大石头了。但是她仍然坚持每天搬石头铺路，直到她倒在路的尽头。这条路被当地人称为“望夫路”。

爱情是什么？虽然各种诠释如诗如画，但是说到底，爱情不是某种结果，而是某种行为的动因，促使我们为自己所心爱的人去心甘情愿地付出。就像那位为妻子按摩的丈夫，因为爱妻子，所以就心疼她，坚持每天为她按摩，日复一日，年复一年，毫无怨言！就像那位为外出的丈夫铺路的老妪，也因为爱，所以心疼曾经摔倒在泥泞里的丈夫。于是，为使丈夫不再摔倒而每天搬石头铺路。

是的，爱，就是心疼。

人生感悟

爱一个人就会心疼一个人，而心疼一个人，你就会甘愿为他（她）的幸福和快乐而付出并且无怨无悔。这就是为什么有的女人日复一日操持着繁重而单调的家务，却怡然自得的道理；这也是为什么有的男人年复一年为家庭奔波，却乐呵呵的原因。因为他们心疼自己的爱人，所以才甘愿苦了自己。

【辑七】
心灵的宁静之道

心灵的宁静之道，一是要不受物役，不抱怨社会分配给你的东西不公平；二是要不为名累，想一想不仅身体，身后的名声也是过眼烟云；第三是也不为别人的恶所左右，不用他人的错误来惩罚自己。

从容淡定，意味着时刻能保持好心情；谦虚谨慎，戒骄戒躁，意味着自己还有更广阔的境界，更宏大的作为，而在事业之余，对美好的事物有更好的鉴赏力。

淡泊以明志，宁静以致远

诸葛亮说过："非淡泊无以明志，非宁静无以致远。"所谓淡泊与宁静，就是对于生活中一些东西不过分奢求，安于清简一些，自然一些。尽可能排除心中的私心杂念，把目光放远大一些，那么，心情就会乐观，情绪也就会昂扬向上。

时隔千年，历史上的人和事早随时间远逝。然而默诵这一句，我们仍然会感到清新澄澈，洗净心灵。遥想诸葛孔明当年在草庐之中，必定经常久久地默念这一句话，领会着人生的真谛。

那时的孔明，躬耕南阳，心忧天下。在清风明月中读史，在竹林泉石旁对弈，日观风云变幻，夜察星斗转移，不问名利，不求闻达，胸中的傲然之志和济世之才，已经在那青山绿水间浑然成就，当他离开卧龙冈时嘱咐切勿荒废农事，此去若大业能成，那时将回来继续享受这田园之乐。

这一去，矢志不渝，鞠躬尽瘁，死而后已。作为蜀国丞相，身后未留下一分私财，留下的是千古流芳的精神，以及那一句话，时时告诫后人：淡泊以明志，宁静以致远。

在纷繁复杂的尘世间，拥有一份属于自己的宁静，实在是一种独特的享受。拒绝外来的诱惑，独自徜徉于自己营造的淡泊的氛围里，沏一杯香茗，放一段音乐，让疲惫的身心在宁静中好好地放个假。

什么也不做，就静静地思索，让思绪在宁静中飘得很远很远。人的欲望永远无止无休，或许只有在离开这个世界的时刻，才会恍然大悟，原来自己的一生竟有着太多的欲望，短暂的一生竟来不及细细享受阳光，品味细雨，感受自然。

"塞翁失马，焉知非福"就是一种宁静淡泊的心境。外表的潇洒只是一道景观，内心的淡泊才是一种境界。努力让自己保持一种超然清静的心境。在那些云卷云舒、风轻云淡的日子里，能有一片温馨淡泊的心境是多么不易。

淡泊是一种志向，是一种人生态度。淡泊不是逃避生活，而是生活的一种方式。淡泊不是碌碌无为，要拿得起，放得下，有所为有所不为，威武不能屈，贫贱不能移，顺境不自傲，逆境不气馁，不计较名利，不计较得失，不大悲大喜。

人生不一定总淡泊的，淡泊却总是属于人生。

淡泊可寄情山水，也可寓意花鸟虫鱼。同是清风细雨，俯仰之间，可落花有情，流水无意，让生命更加美丽。

淡泊是一种人生体验，是一种对自然万物的认同，是一种天人合一之后的物我两忘。人生是曲折的，不论在“羊粪蛋子发烧”的日子，还是“落毛的凤凰不如鸡”的时候，做到坦然处之是很难的，但是做到不作秀，不炫耀，不张扬，不流俗还是可以的。敢于面对挫折和磨难，淡泊名利，宠辱不惊，美在自然，平平淡淡才是真。淡泊犹如美好的天籁，越自然你的生活就越美。

淡泊，并非心如止水。淡泊明志，宁静致远，而是为了拥有一份真实和美丽。真的希望在很多年以后，当我们经历了人生的风风雨雨，岁月的无情的洗礼之后，依然能够有心如止水的意境，不以物喜，不以己悲，依然能够找到自己的一份淡定和从容。

淡淡的生活，给我们带来了生活的真味。淡淡的幸福，给我们留下了真诚和美丽。淡淡的亲情友情，给我们的生活增添了快乐。面对生活，我们应始终怀有一颗感恩的心。

人生感悟

如果人能悟到淡泊宁静的真谛，就不会再被生活逼迫，不会再因人事而精疲力竭。“行到水穷处，坐看云起时”，淡泊宁静之中，是和谐和积极的心态，淡而愈浓，近而愈远。

宁静的心态让人淡泊名利，知足的心态让人时时快乐，平和的心态让人处变不惊。

保守一份内心的纯净

一天，洞山禅师与云居禅师在一起闲聊，随意间他问云居禅师：“你爱色吗？”

云居禅师正在用竹箩筛豌豆，听到洞山禅师这样问，吓了一跳。筐里的豆子都被吓得撒了出来，滚到了洞山禅师的脚下。洞山禅师笑着弯下腰，把豌豆一粒一粒地捡起来放进筐里。

云居禅师耳边依然回响着洞山禅师刚才的问话，他不知道该怎么回答，因为这个问题实在是没有办法回答。

“色”包含的范围太大了！有女色、有脸色、有颜色……

穿衣服挑颜色吗？享受佳肴美酒时看重菜色、酒色吗？选择宅第房舍时注重墙色吗？做事时会看别人脸色吗？贪恋黄金白银的财色吗？爱慕妩媚妖艳的女色吗？

云居禅师放下竹箩，心中还在翻腾。他想了很久以后，才回答道：“不爱！”

洞山禅师一直在旁边观察云居受惊、闪躲、逃避、挣扎的表情，不无惋惜地说：“你在回答这个问题之前真的想好了吗？等你真正面对考验的时候，是否能够做到从容地面对呢？”

云居禅师这个时候大声地答道：“当然能！”然后他向洞山禅师脸上看去，希望能得到他的回答，可是洞山禅师只是笑，没有任何回答。

云居禅师感到十分奇怪，他反问道：“那我问你一个问题行吗？”

洞山禅师依然笑着说：“你问吧！”

“你爱女色吗？”云居禅师这样问道，“当你面对诱惑的时候，你能从容应对吗？”

洞山禅师哈哈大笑，说道：“我早就想到你会这么问了！我看她们只不过是美丽的外表掩饰下的臭皮囊而已。你问我爱不爱，爱与不爱又有什么关系呢？只要心中有自己坚定的想法就行了，不必看别人的脸色，更不必在乎别人是怎么想的！”

色即是空，空即是色。眼中有色，心中无色，才能坦然面对世间的各种诱惑。云居禅师虽然嘴上说能够面对真实的考验，可是他在不知不觉中却看了洞山禅师的脸色。心中有色，才会挣扎，才不能回答这个问题。

到底是什么在诱惑我们？金钱、美色、权势……这些让多少人心旌荡漾，不能自已啊！

有这样一则寓言：一只狼的喉咙被一根骨头卡住了，它十分难受，于是便允诺，如果谁能把骨头从它的喉咙掏出来，就重金酬谢。有一只长嘴鹤知道这个消息后，毫不犹豫地把脑袋伸进狼的嘴里帮他取骨头。当这只鹤把骨头取出来，向狼索要酬金的时候，狼却磨着牙齿冷笑着说："哼！让你的脑袋从我的嘴里安然无恙地抽出来，这已经是最大的报酬了。"

重金之下，必有勇夫。看来金钱的诱惑的确很大，以至于鹤竟敢把脑袋伸进狼的嘴里去谋利，真是要钱不要命！仔细算来，这是一笔划不来的买卖，尽管对方出了"重金"，然而自己的本钱却是拿生命作为赌注，未免太亏。正如狼所言，能够全身而退，已经是很幸运的了。下一次，"狼"的嘴里就不一定有骨头了，而生活中这样的圈套不得不防，否则就会落得身败名裂、尸骨无存！

"诱惑"——魔鬼般邪恶的字眼，毁灭了多少人的希望和梦想。金钱、美色、权势、地位等，让多少人心甘情愿地步入它所设的圈套。名利蒙住了我们的双眼，即使站在摇摇欲坠的悬崖边，还忍不住自得意满，却不知自己正在向万丈深渊跌落。

生活在这样一个充满诱惑的时代，要保守一份内心的纯净、一份对世事的清醒，是需要极大的毅力和勇气的。最简单的，铺天盖地的广告就会让人眼花缭乱，搞不清楚状况，明明是上了当还以为是占了便宜。生活中的陷阱太多，所以要时刻保持一份警惕，不被诱惑迷了心窍。

心中无色，才能坦然。所以，面对这些"起于青萍之末"，"徘徊于桂椒之间，翱翔于激水之上"，从四面八方吹来的风，贵在"降伏其心"，使其不为八风所袭扰、所摇动、所蛊惑！

人生感悟

人生要耐得住寂寞，经得住诱惑，守得住淡定。

淡定与从容是一种智慧。佛祖拈花的手指，打动了无数人的心，只有迦叶使者，绽开会心的一笑，笑得那么自然、那么恰到好处，让人领悟到什么是真正的大彻大悟、超凡脱俗。佛法所说的四大皆空，其实并不是真的不存在，它只是告诉人们一个道理，要学会放下。

不舍一株菊花，哪得一村菊香

一位老禅师在院子里种了一株菊花，第三年的秋天，院子成了菊花园，香味一直传到了山下的村子里面。凡是来寺院的人们都忍不住赞叹："好美的花儿啊！"

有一天，村子里的人开口向老禅师要几株菊花种在自己的院子里，老禅师答应了，并亲自动手挑拣最好的菊花送给村子里的人。于是，消息传开了，前来要花的人接连不断。在老禅师的眼里，这些人都是那么的知心和亲近，所以凡来要花的人都给。没几天，院子里的菊花就被老禅师送得一干二净。

没有了菊花，院子里就如同没有了阳光一样寂寞。

秋天的最后一个黄昏，弟子看到满院的凄凉，忍不住说："真可惜，这里本应该是满院的花朵与花香的。"

老禅师对着弟子笑着说："你想想，这岂不是更好吗？三年之后，将是一村的菊香。"

"一村菊香！"弟子不由地心头一热，看着师傅，只见他脸上的笑容比开的最美的花还要灿烂。

老禅师告诉弟子说："我们应该把美好的事与别人一起分享，让每一个人都感受到这种幸福，即使自己一无所有了，心里也是幸福的！这时候我们才真正地拥有了幸福。"

不舍一株菊花，哪得一村菊香？老禅师把美好的东西拿出来与别人一起分享，当别人脸上洋溢着笑容时，他感到很欣慰，因为他明白与别人分享幸福比自己占有幸福更幸福。

快乐与人分享，快乐会加倍；悲伤与人倾诉，悲伤会随风而逝。懂得分享，生活便是彩色的，但是人们因为忙碌、因为冷淡，已经忘记了与人分享，也更不能体会其中的乐趣了。

一个灼热的黄昏，妻子正为了炒菜做饭忙得不可开交，丈夫也跟着团团转，他想对妻子有所帮助，其实他什么也做不了。妻子虽然明白他是好意，但看着他在一旁转来转去，总觉得碍手碍脚的，这让她非常烦躁。正当妻子火气很大的时候，丈夫朝着窗外望去，突然喜出望外地对妻子说："亲爱的，快来看，快来看，天空好漂亮呀！"

妻子听了就更不耐烦地说："等一下！你没有看到我现在正忙吗？"

妻子说话的语气好像在责怪他没有帮忙，还在偷懒，其实妻子根本不需要他的帮忙；听完妻子的话，他也不开心地安静下来了。五分钟过后，妻子觉得自己的态度太不好，便走过去问他要她看什么。

他这时才说："五分钟前满天的彩霞，好漂亮。现在已经没有了。"

妻子随着他的手指往窗外看，一片昏黄的夕照将天空染成淡黄色的，实在没什么稀奇，便回过头再做自己的事，这个黄昏就这样过去了。

几天后的一个清晨，妻子起床准备早餐。依照惯例，她拉开窗帘，打开窗户，突然看到满天层次分明的彩云，一层淡紫，一层粉红，边缘还镶着淡淡的金光，迤逦到天边才渐渐淡去。

面对着天然的神奇画面，妻子有一种感动，本想与丈夫一起分享这一份感动和美好，但时间还早，她不想打扰他睡觉，便想等一下再说吧。结果刚转过身，再回头来，天空已经完全改变了，刚才那幅美景已经不见了，这时即使叫醒丈夫，也来不及欣赏那样神奇的美丽了。

妻子若有所失，怅然地离开了那扇窗子。就在那一刹那，她想起几天前丈夫要她看窗外满天的晚霞，却因为自己的不耐烦，错过了人间的美景，想必当时他的心情与现在的自己一样怅然若失吧！

原本，当我们看到或经历到任何美好的东西时，我们总是希望与人分享，特别是我们喜欢的人；但是往往有一些因缘会使我们错失了分享的机会，或许是因为当时某一方心情不好，或许是因为对方不在身边，或是其他的任何理由，使我们害怕分享、无法分享、不懂得分享抑或拒绝分享、不愿意分享等。总之，人们之间的关系渐行渐远了，慢慢习惯禁锢在自己的世界里，也就无法体会到一村菊花的芳香了。

分享，有时是实质性的事物，但更多的是一种心灵的沟通，一起分享花开日落的美丽，能增进人们之间的了解、关怀与爱护。分享的机会稍纵即逝，如果不懂得把握，我们就留不住那份美丽与感动，因而懂得分享的人是幸福的！

人生感悟

学会与人分享，生活将是一种意想不到的幸福。一个懂得分享的人，生命是丰沛而充满喜悦的！

人们感受爱情的时刻，多少也在感受着一个无法预知的未来；当两个人分享彼此的未知时，同时也在分享着你们共同的未知。

一蓑烟雨任平生

挫折是人生的常态，遭遇挫折不应一味放大痛苦让其充塞心灵，应学会调适心弦，坦然面对。

晚年遭受贬谪的苏轼面对人生的挫折，平和地吟出："莫听穿林打叶声，何妨吟啸且徐行。竹杖芒鞋轻胜马，谁怕？一蓑烟雨任平生。"正视挫折、淡化苦痛的平和心境，磨洗了苏轼的豪放词风。实际上，苏轼用象征手法写出自己在突如其来的政治风雨面前内心的坦荡与气度的从容。

苏轼（1037—1101），字子瞻，号"东坡居士"，北宋眉州眉山（今四川眉山）人，是宋代著名的文学家、书画家。他与父亲苏洵、弟弟苏辙皆以文学名世，世称"三苏"；与汉末"三曹"（曹操、曹丕、曹植）齐名；与黄庭坚、米芾、蔡襄被称为最能代表宋代书法成就的书法家，合称为"宋四家"；苏氏四门生为：秦观、黄庭坚、晁补之、张耒。

嘉祐元年（1056），虚岁21的苏轼首次出川赴京，参加朝廷的科举考试。翌年，他参加了礼部的考试，以一篇《刑赏忠厚之至论》获得主考官欧阳修的赏识，高中进士。

嘉祐六年，苏轼应中制科考试，即通常所谓"三年京察"，入第三等，授大理评事、签书凤翔府判官。后逢其父于汴京病故，丁忧扶丧归里。熙宁二年（1069）服满还朝，仍授本职。

苏轼几年不在京城，朝里已发生了天大的变化。神宗即位后，任用王安石开始变法。苏轼的许多师友，包括当初赏识他的恩师欧阳修在内，因在新法的施行上与新任宰相王安石意见不合,被迫离京。朝野旧友凋零,苏轼眼中所见的,已不是他 20 岁时所见的“平和世界”。

苏轼因在返京的途中见到新法对普通老百姓的损害,故很不同意宰相王安石的做法,认为新法不能便民,便上书反对。这样做的一个结果,便是像他的那些被迫离京的师友一样,不容于朝廷。于是苏轼自求外放,调任杭州通判。

苏轼在杭州呆了三年,任满后,被调往密州、徐州、湖州等地,任知州。

这样持续了大概十年,苏轼遇到了生平第一桩祸事。当时有人故意把他的诗句扭曲,大做文章。元丰二年(1079),苏轼到任湖州还不到三个月,就因为作诗讽刺新法,以“文字毁谤君相”的罪名,被捕下狱,史称“乌台诗案”。

苏轼下狱后生死未卜,在等待最后判决的时候,其子苏迈每天去监狱给他送饭。由于父子不能见面,所以早在暗中约好:平时只送蔬菜和肉食,如果有死刑判决的坏消息,就改送鱼,以便心里早做准备。

苏轼坐牢 103 天,几次濒临被砍头的境地。幸亏北宋在太祖赵匡胤年间即定下不杀言官、士大夫的国策,苏轼才算躲过一劫。

出狱以后,苏轼被降职为黄州团练副使(相当于现代民间的自卫队副队长)。这个职位相当低微,而此时苏轼经此一狱已变得心灰意懒,在办完公事之后便带领家人开垦荒地,种田帮补生计。“东坡居士”的别号便是他在这时为自己起的。

宋神宗元丰七年(1084),苏轼离开黄州,奉诏赴汝州就任。由于长途跋涉,旅途劳顿,苏轼的幼儿不幸夭折。汝州路途遥远,且路费已尽,再加上丧子之痛,苏轼便上书朝廷,请求暂时不去汝州,先到常州居住,后被批准。当他准备南返常州时,神宗驾崩。

哲宗即位,高太后听政,新党势力倒台,司马光重新被起用为相。苏轼于是以礼部郎中被召还朝。在朝半月,升起居舍人,三个月后,升中书舍人,不久又升翰林学士。在此期间,苏轼处在人生的顺境之中,但依然坚持他的淡泊。“人在玉堂深处”时,却怀念黄州东坡雪堂“手种堂前桃李,无限绿阴青子”;他还告诫自己说:“居士,居士,莫忘小桥流水。”元祐六年(1091)三月,自杭州知州入为翰林学士承旨时作《八声甘州 · 寄参廖子》词,偏要表白自己:“谁似东坡老,白首忘机。”苏轼这种在顺境中淡泊自守的品格难能可贵。

俗话说:“京官不好当。”当苏轼看到新兴势力拼命压制王安石集团的人物及尽废新法后，认为其与所谓“王党”不过一丘之貉，再次向皇帝提出谏议。

苏轼至此是既不能容于新党，又不能见谅于旧党，因而再度自求外调。他以龙图阁学士的身份，再次到阔别了十六年的杭州当太守。苏轼在杭州进行了一项重大的水利建设，疏浚西湖，用挖出的泥在西湖旁边筑了一道堤坝，也就是著名的“苏堤”。

苏轼在杭州过得很惬意，自比唐代的白居易。但元祐六年（1091），他又被召回朝。但不久又因为政见不合，被外放颍州。

元祐八年（1093）新党再度执政，他以“讥刺先朝”罪名，被贬为惠州安置、再贬为儋州（今海南省儋县）别驾、昌化军安置。徽宗即位，调廉州安置、舒州团练副使、永州安置。元符三年（1100）大赦，复任朝奉郎，北归途中，卒于常州，谥号文忠，享年六十六岁。

的确，苏轼的一生曾有人用“霉”字以蔽之，甚至上升到风水上面，说他是“生在眉山，倒了霉运”。对于苏轼这样一个做过大官的文学天才，而且在北宋无人不知无人不晓，一贬再贬的仕途怎一个霉字了得。但苏轼之所以是苏轼，不仅在于他有“大江东去浪淘尽”的豪放，更重要的还在于他有“一蓑烟雨任平生”的洒脱。官贬便贬了，可也不会自怨自怜到像屈原那样去投江自尽，写出来的词极少有幽怨之作，依然是那么的豪气冲天，对待生活还是那么的积极，这也看出他人生境界的高远。

人生感悟

如梦人生，人生如梦，这是苏东坡对人生哲理的界定，也是一种豁达的心态，激进的感悟，积极的试验。清旷达观的襟怀成了苏东坡在逆境中奋进的精神支柱，正是有了这样的支柱，才让苏东坡找到了更多的热爱生命的理由。

像接受美一样接受缺憾

人的一生中总会发生一些难以预料的事情，面对生活的不完美、不如意，我们既不能放弃自己，也不能苛求自己更完美。我们所能做的就是勇敢地接受自己不完美的现实，不抱怨、不懊恼，怀着一颗包容的心看待生活给我们的不如意。在轻松、满足的环境中我们才能生活得更好，刻意地追求只会使我们的生活越来越糟糕。

有一位老人，年逾七旬时还是孤身一人。并不是他不想结婚，而是因为他一直都在寻找着一个在他看来十分完美的女人。

有人问他："你活了七十多岁了，走了那么多地方，始终在寻找，难道你没能找到一个完美的女人吗？"

老人悲伤地说："有一次我碰到了一个完美的女人。"

那个发问者说："那为什么你们不结婚呢？"

老人更加伤心了："没办法啊，她也正在寻找一个完美的男人。"

"没有最好，只有更好。"那些追求完美的人不仅给自己，也给他人设定了一个很高的标准。他们往往接受不了自己或他人的弱点和不足，甚至因为一点小缺点而忽略了所有的优点。

事实上，每个人都有缺点和不足，都会有紧张、不适的体验，这是正常的表现，必须学会接受它们，顺其自然。如果非要和自然规律抗衡，必然会自讨苦吃。所谓"世界并不完美，人生当有不足"。留些缺憾，反倒可使人清醒，催人奋进。

身体有缺憾并不可怕，可怕的是因此对自己失去信心，自暴自弃。

霍金教授的身体状况众所周知。21 岁的他，被确诊患有罕见的、不可治愈的运动神经病 ALS，叫做肌肉萎缩性脊髓侧索硬化。1963 年，医生说他只能活两年半，并且随着病情的恶化，他将失去所有的活动能力。然而，这种致命的打击并没有击倒霍金，他也并没有因为自己丧失所有活动能力而否定自己的价值。

霍金自称："幸亏我选择了理论物理学，因为研究它用头脑就可以了。"霍金虽然不能用笔和纸工作，却因借助描绘在纸上的精神图像表达他的思想而得到补偿。他的方法使较传统的需要假说、实验和观测的科学方法更加直觉。由于霍金无法发声，只能借助声音合成器来发声，这一组合十分费力，所以他的讲演风格既简练又准确，没有其他讲演者频繁使用的矫揉造作手法的废话。

霍金之所以伟大，除了他在学术上的贡献外，还因为他能积极乐观地生活。一个失去所有活动能力的人，换在别人身上早就失去生存的勇气了。然而他心中没有仇恨，没有苦恼，也没有怨天尤人。他不甘心放弃，积极向上，用自己的执著与乐观战胜了身体的缺陷。

其实，这个世界上，我们每个人都不可能完美无缺，人人都有缺陷，过分地关注自己的缺陷则是最愚蠢的行为。历史上充满了这样的例子：为了要补救自己身体上的缺陷，许多人因此而造就了可敬的品格，实现了奇迹般的成功。感觉到自己其貌不扬、甚至丑陋的女子，往往能在学问事业上努力奋斗，开创种种平常的情形下难以完成的事业。她们的动力，就在于弥补自己的缺陷。

按当下的审美标准来看，姚晨应该算是非典型美女。《武林外传》中的郭芙蓉，让这个说大话、假把式的女孩人气骤升，大家记住了她的排山倒海。原以为不过是来去匆匆的青春偶像，但 2009 年她挟《潜伏》而来，把一个土得掉渣、猛得咋舌的王翠平演得生动可爱，大家记住了她的土布衣衫、大烟枪，也记住了她的鲜明特色——大嘴。

从这张大嘴来看，姚晨不是典型意义上的美女，这张嘴大得毫不娇艳欲滴，也完全没有茱丽叶·罗伯茨、舒淇的性感动人，但姚晨毫不修饰，还将大嘴的特色发扬光大。

同样的身材、同样的搞笑天分，曾志伟和潘长江这一南一北两大笑星凭借着多年来在舞台上和电视荧屏中的出色表演，早已被电视观众所熟悉。

潘长江是家喻户晓的笑星，他的矮个子和寸头早已成为演艺界一道标志性的风景。作为历届春节晚会的常客，他的小品和嘹亮的歌喉成了他的两大法宝。

圈内人士评价潘长江时，都称他是个“能演、能唱、能跳、能翻”的好演员，其实，除了《过河》之外，他演唱过好多歌曲，拍过多部 MTV。

而香港的曾志伟——这个胖墩墩的搞笑高手、香港娱乐界“大哥”，以他 160 厘米的身高和其貌不扬的长相在香港演艺圈沉浮 30 年，不仅出演过多部喜剧，在荧屏上塑造过不同类型的角色，也是香港主持界数一数二的大哥级人物。

人生感悟

生命虽短暂，却能铸就永恒；生命虽平凡，却能孕育伟大；生命虽脆弱，却能成就坚毅。如果你还未想好应如何来珍惜与利用短暂易逝的生命的话，那么就在渐进地感悟生命中让生命绽放光芒吧！

人的一生都难以完美，那就像接受美一样接受缺憾，不也很好吗！

少即是多

奥卡姆的威廉是14世纪英国的逻辑学家、圣芳济会修士。他提出了“简洁原则”。这个原则认为整体应当控制在一定的范围内。我们所知道的“奥卡姆剃刀原理”这样陈述：当一个现象有两个相当的合理解释时，它应当采用简洁的那个。或者像建筑师密斯·凡·德·罗说的：“少即是多（Less is more）。”

密斯·凡·德·罗坚持“少就是多”的建筑设计哲学，在处理手法上主张流动空间的新概念。他的设计作品中每个细节精简到不可精简的绝对境界，不少作品结构几乎完全暴露，但是它们高贵、雅致，已使结构本身升华为建筑艺术。

西格兰姆大楼为世界上第一栋高层的玻璃帷幕大楼，展现了密斯所提出的“少即是多”原则。内部不少设施也由密斯与他的徒弟菲利浦·约翰逊一手包办。大楼前的广场约占地基一半，这在当时也是创举。现代主义被带到美国后，结合资本的力量，创作了许多作品。由于形式上的精简，容易模仿，因此很快影响到世界各地，也影响了其他领域的设计，因此称为“国际风格”。然而国际风格却已缺乏早期现代主义乌托邦式的社会理想及批判精神，并且后来的模仿者未必如密斯一般注重对局部结构的处理，但现代主义却至此达到一个高峰。

大约在同时代欧洲的另一边，一位代表教皇本尼迪克特十四世的主教被派去意大利寻找一位最好的画师。在梵蒂冈将有一项很重要的使命，教皇希望有最好的画家来做。

这位主教告诉乔托（文艺复兴时期著名画家，以技巧及隐士闻名），教皇想要他来画并请他先画一幅送给教皇看。

听完，乔托拿出一张纸，用刷子蘸上红颜料，手腕一转就画出一个完美无缺的圆圈。然后他笑着对主教说："这是你要的画。"

主教觉得自己被耍了一样，回答道："这是我唯一能拿得到的画吗？"

"这就够了，"乔托回答说，"带它回去，你看看人们是不是能看懂它。"

乔托得到了这份工作。一个对奥卡姆的剃刀原理的完美诠释。

少即是多，简约而不简单是现代简约风格的核心。正如有些人有钱，他们去奢侈品展上淘货；有些人也有钱，他们以开小排量车为荣。有钱但不奢侈，简约而不简单，适度的生活态度是一种境界。大手大脚、比排场、比阔气，是暴发户的做法。高素质的人，有钱也不会乱花，而是选择一种简约的生活方式。简约不是简陋，而是一种优雅的格调，一种恰如其分的火候，需要智慧和素质。

下面这个妙趣横生的故事更是蕴涵了"少即是多"的道理。很多时候我们觉得必须去解释、去说服、去争论……但是别人往往并不需要听那么多。上帝赐人两只耳朵，仅仅一张嘴，并非巧合……

保险代理人乔在全美卖出的寿险比任何同事都多，因而获得公司的奖励。公司希望他在领奖时发表演说，告诉其他员工他是怎么做到的。

于是，乔开始全力备战。演讲稿他写了又写，改了又改，才算满意。乔把稿子打印在卡片上，把卡片粘在镜子上，每天早晨一边刮胡子一边背诵。终于，乔把讲稿像刻光盘一样刻进了大脑里。他准备好了。

伟大的时刻来临了。礼堂里坐满了来自全国各地的保险推销员。公司董事长把一个光荣匾递到乔的手里，拍着他的后背说："现在，请告诉我们，你是怎么做的？"

乔转过身，无数双期盼的眼睛注视着他，等待他说出深刻的东西。可是，他却忘记了第一句话！"嗯，唔，嗯……"乔在脑海中极力搜寻着，却怎么也找不着开头。还好他抓到了中间的一句（如果你身陷如此境地，也情愿随便从哪里开场），于是他说："嗯，唔……拜访人们……"乔实在是吓坏了，他想不起下一句是什么。于是他重新起头："嗯，嗯……拜访人们，嗯，唔……拜访人们！"然后，他坐下了。

几乎所有的人都以为乔说出了自己的想法，他们认为听到了一次精辟而独到的演讲。于是，众人纷纷起立报之以雷鸣般的掌声。

人生感悟

简约起源于现代派的极简主义，在满足功能的基础上实现最大程度的简洁。

简约就是简单而有品位。这种品位体现在设计上对细节的把握，每一个细小的局部和装饰，都要深思熟虑。但简约并不仅仅是简单，而是用心的产物。我们对待生活，亦应如此，平和一点，冲淡一点，就能活出更丰盈的人生来。

何不退而求其次

大概很多人都是如此，还有退路的时候，就忘了曾经在绝望时许下的心愿。爱情也大抵如此。爱着一个人，开始觉得能爱便是幸福，如果恰好对方也有爱，那便是天下最完美的事；两情相悦后，觉得世上处处都是美丽，但日久便想有爱情的日子面包也要多一些；在有了足够面包的日子，无论是这一方或是那一方，都可能再有别的要求。

其实每一个人都在找一个心目中的完美，当不能实现时，退而求其次，再退而求其次，没办法就渐渐地去接受甚至喜欢这个退求来的。能够心甘情愿地接受，那未尝不是一种幸福。

得不到最好的，只有要差的了。比如有两个目标，一个高一点，一个低一点，当你高的目标达不到的时候，转而去实现低一点的目标。这就是所谓的退而求其次。

一位忧心忡忡的妇女走进了某学校心理咨询室。

“我很苦恼。”她说，“因为我的儿子。我的儿子只喜欢上网打游戏，不喜欢念书，功课很差，数学计算常常错得稀奇古怪。他的性格也渐渐变坏，听不进你的话，常常是你刚讲了他一句，他已经摔门而去……我真的不知道该怎样面对这个孩子？”

听完这位伤心透顶的妈妈的叙述，咨询师让她做了三道选择题。

第一题，假设您现在产期临近，您希望自己的孩子：(1) 将来会长成俊男美女，可是出生时脐带缠脖，可能有生命危险；(2) 将来长相平常，可是生产过程顺利。

第二题，假设您生下的这个孩子长到了 10 岁，您又得面临两种选择：(1) 成绩很好，把很多孩子比了下去，可是有一天这个孩子与家人走失，再也找不回来；(2) 学习不好，爱顶嘴，耍脾气，可是吃饭很香，身体健康。

第三题：假设这个孩子长到了成年，您又得做一次选择：(1) 孩子戴上了博士帽，可是被宣告从此不准再见母亲一面；(2) 从普通学校毕业，可是允许每天和母亲斗嘴，吃母亲烧的菜。

这位妇女很快选择了后者。不过她仍有疑惑：你为什么不能提供一个又聪明又健康又乖巧的孩子的答案给我呢?

那个孩子不是你的孩子，顶多是你理想中的孩子，现在这个孩子才是你目前真实孩子的状况啊。

这位妇女若有所思，临出门前，她问咨询师下一步该怎么做？咨询师给她布置了一个作业，回去后写下儿子的八个优点，下次带来。

第二次到访，女士给咨询师说的儿子是这样的：篮球打得好；吃饭不挑食；会帮着扛煤气瓶；字写得很工整；很少生病……说完后，这位女士忧郁的神色已经不复存在了。

母亲很疑惑：前后不过几天，为什么我眼中的儿子不一样了呢？咨询师对她说：因为你学会了让步。有一句话叫退而求其次，就是这个道理。

其实，利益的冲突是生活中产生矛盾的根源。当我们和别人发生利益冲突的时候，应该多为对方想一想，互相之间都退一步。当我们以德相让、互相礼让的时候，那些可能发生的冲突就会烟消云散，大家也就很乐意跟你合作，事业发展的机会也就更多了。

我们生活的现实社会日新月异、变化无穷，我们面临的竞争也越来越激烈，但我们切不可忘记也不要忽视“礼让”。人生之所以有这么多烦恼，皆因遇事不肯让他人一步。其实，这是很愚蠢的做法。

人生感悟

退而求其次可以予人一些生活的底气，也可以使人有所得。旁的不说，单就感情事而论，退而求其次确实能成其效。钱钟书先生将退而求其次定论为“尉情退步”，其实倒过来讲也无不可，“退步”的确可以“尉情”。这种退步，并非真正意义上的退化，而是剑走偏锋，特意为自己留下一点周转余地，不把自己逼得太死，以求绝地时能够逢生。

请爱陌生人

所谓爱心是对自己以外的生命的一种关爱，一份奉献，包括对人，对动物，对小花小草等一切我们认为有生命的东西。只关心自己那不是爱心，而是自私。

2009 年年初，中国红十字总会面向全国招聘一名副处级工作人员，并公开承诺重能力不重学历，重人品不重资历。由于待遇丰厚，再加上当前就业形势不容乐观，一时应聘者蜂拥而至。仅招聘信息公布当天，网上报名人数就已经达到二千七百多人。

经过严格的初试、复试、政审、体检，只有三人进入了面试，由中国红十字会秘书长王海京先生亲自主持面试。

面试开始了，在问答与抢答环节，三个年轻人思维敏捷，沉着大方，见解独到，真可谓是一时俊杰，难分上下。听到精彩处，王海京秘书长也不禁频频点头，面露赞赏。

最后一道题，播放的是一段视频：一个年轻靓丽的姑娘，轻扬着马尾，穿过马路。突然，一辆大卡车疾速冲过来。眼看惨剧就要发生，她旁边的一个小伙子猛扑过来，推开姑娘，自己却倒在了血泊当中。

王海京秘书长说：“这是 1999 年发生在山东济南的一场真实的交通事故。现在请你们根据画面中的蛛丝马迹，来判断这个小伙子与这位姑娘是什么关系。”

短短三分钟的视频，就想判明两人之间的身份关系，可真有难度啊！

第一个年轻人想了想说：“他们是情侣关系，你看，他们的上衣，分明是一套情侣装嘛？”

第二个人回答：“他们是兄妹关系，我注意到了他们的鼻梁上都有一道明显的皱纹。现代医学证明，鼻梁上的皱纹都是遗传因素造成的。”说着，他颇为得意，这个发现可不是谁都能观察到的。

王海京秘书长笑了：“你真细心啊，这么微小的细节都能注意到。”说完，他把探询的目光投向了第三个年轻人。

“很抱歉，我实在找不到任何有价值的线索。”第三位年轻人显得有点窘迫，有点语无伦次。前两位年轻人看在眼里，笑在心里，庆幸少了一位竞争对手。

“但我宁愿相信他们不过是萍水相逢的陌生人。”第三个年轻人顿了顿，接着说，“在这危急关头，任何一位有良知的人，都会挺身而出，又何必非是情侣或兄妹呢？”

听了这个回答，王海京秘书长露出了欣慰的笑容，他走过来用力握着第三位年轻人的手，真诚地说：“欢迎你的加入。”

其实这是一道心理测试题，目的是测试应聘者潜意识里首先想到的是什么，这也是一个人不加修饰最本真的意识。

是啊，亲情温馨，爱情动人；但是说到底，这些都是小爱，是一己之爱。而相信陌生人之间也能无私奉献的人，是心有大爱的人。红十字会是一个公益性组织，最需要的，正是这种心有大爱的工作人员。

而只有当爱惠及陌生人时，才是大爱。只有对陌生人之间充满爱与善意，社会才能变得高度文明更加美好。我们把爱惠及陌生人时，往往也不知不觉成就了自我。

美国有个16岁的姑娘，自愿到非常脏的洪都拉斯去，帮助那里的人了解眼睛卫生常识，以提高健康水平。那里十分贫穷落后，以致这个女孩醒来时竟发现自己和猪睡在一起。也许有人会想：去那么苦的地方，是不是太傻了？但她回来后却眉飞色舞地向母亲介绍说，明年她还要去。她母亲立刻鼓励她再去，并夸奖她的女儿，认为她的女儿有见解、有爱心，并为女儿乐于吃苦、富于奉献的精神而感到自豪。

爱虽然是与生俱来的，但你还是要在成长的过程中不断地学习，养成爱的习惯，既会感受人爱，也会赋予人爱，要懂得心疼妈妈，要晓得关心姥姥，要知道爱护小伙伴，要会关心别人，更不能对别人的痛苦置之不理。你还要学会爱要怎么说出口，学会用行动去爱身边的人，学会爱陌生人，变得博爱。

人生感悟

当然，爱心不是无源之水，无本之木。一个人只有当自己得到的爱足够多的时候才能自然地关爱别人，否则那便是一种不自然的爱。就像把自己得到的爱装入一个杯子，自己的杯子还没有满之前就倒点给别人，不太现实。只有当自己的杯子满满的时候，溢出去的爱才是一种最真实、最自然的爱。充满爱心的人，生命才是充盈的，生活才是优雅的。

缺陷也是一种美

我们常常抱怨自己时运不济，觉得自己不能脱颖而出。把眼光放低，看看自己的平庸之处，甚至有缺陷的部分——说不定在那里，我们也会发现那些一直深藏着而有价值的东西。沙里淘金，你自身的优势就会被一点一点挖掘出来。

卡丝·黛莉颇有音乐天赋，然而她却长了一口龅牙。第一次上台演出的时候，为了掩饰自己的缺陷，她一直想方设法把上唇向下撇着，好盖住暴出的门牙，结果她的表情看起来十分好笑。

她下台以后一位观众对她说："我看了你的表演，知道你想掩饰什么。其实这又有什么呢？龅牙并不可怕，尽管张开你的嘴好了，只要你自己不引以为耻，投入地表演，观众就会喜欢你。"

卡丝·黛莉接受了这个人的建议，不再去想那口牙齿。从那以后，她关心的只是听众，像一切都没有发生那样张大了嘴巴尽情歌唱，最后成了一位非常优秀的歌手。

一口龅牙并没有给她带来任何不良影响，相反还成了她形象的一大特色。人们接受甚至喜欢上了她的龅牙，就像喜欢她的歌声一样。从某种意义上说，外露的牙齿和她的歌声一起，才构成了一个完整的卡丝·黛莉。

“人无完人，金无足赤。”缺陷，在我们的生活中无处不在；完美，只是相对的。每个人都有自己不可回避的缺陷，但，只要我们坦然正确地对待缺陷，也是一种美。

还曾听说过这样一件事：美国一位著名电视主持人右手只有四个手指。在他成名之前，他曾向许多地方求职，但都被拒之门外。当他终于得到机会作一次试验性主持时，毅然摘掉了仿手套，把自己真实的形象展现在广大观众的面前。结果，他真诚、自信而热情的风格赢得了观众的赞赏，其生理缺陷不但没有成为成功的障碍，反而与他的魅力联系在了一起，变成了他独特优势的一部分。

再比如说维纳斯像，具有独特艺术风格的缺陷美。平常人们追求的都是完整与圆满的美，而断臂的维纳斯却向人们展示了另一种美，一种让人浮想联翩的美。如果维纳斯拥有双臂，人们对它的完美只可欣赏，只可赞赏，却不能心存一丝的怀疑和联想。

这两件事告诉我们什么呢？

如同世上没有十全十美的事物一样，这样那样的缺陷无处不在地伴随着我们的人生。逢年过节人们相互祝愿的“万事如意”，其实只是美好的祝愿而已，“不如意事常八九”，往往也是千真万确的。在许多人看来，最不如意的大概就是伴随终身的生理缺陷了——比如先天的残疾、容貌的遗憾、后来的损伤、意外的灾祸，都可能造成这种挥之不去的缺陷，就像那位美国主持人的手，无可回避。

“鸟美在羽毛，人美在心灵”，又如培根所说：“许多容貌俊秀的人却一无作为，他们过于追求外形的美，而放弃了内在的美。”这些话语都深含人生哲理，促人深思。同时也告诉我们不要一味地追求外形的美，更不要因自身的生理缺陷而自暴自弃或自己看不起自己。对生活失去了信心与希望的人，要时常以“人无完人，金无足赤”自励。

人生感悟

正是失去，才令我们完整；正因为有缺陷，我们才觉得美。

一个自认为完美的人，在某种意义上说，是一个可怜的人。他永远无法体会有所追求、有所希望的感受；他永远无法体会别人带给他一直梦寐以求的东西的喜悦。

肖申克的救赎

即使身处逆境，也要保持希望。希望是什么？希望就是人生的意义。

“有些鸟是关不住的，因为它的羽毛太美丽了。”电影《肖申克的救赎》中主人公安迪越狱成功后，他在狱中的朋友瑞德感叹道。

安迪曾是一个银行家，由于被律师陷害，以杀妻罪被关进了肖申克监狱。沉默寡言的安迪刚开始与其他囚犯格格不入，但是后来渐渐地认识了一个叫瑞德的人，从此他们便成为朋友。

一次安迪与其他囚犯在劳动时，无意间听到监狱看守在讲有关上税的事。安迪说他有办法可以使监狱看守合法地免去这一大笔税金，作为交换，他为十几个犯人朋友每人争取到了两瓶啤酒。那一刻，他的朋友们有的坐在地上，有的坐在台阶上，每人喝着安迪靠智慧得来的啤酒面带微笑，放眼望着远方的夕阳。瑞德说这么多年来他们又一次有了自由的感觉。此刻安迪也第一次露出了笑容。是的，是安迪给他们这些早已被“体制化”的囚犯又带去了自由的感觉，注入了自由的希望。

监狱的生活是令人窒息的，囚犯们其实早已失去了作为一个人最起码的尊严。严格一点来说，他们其实就是靠三顿饭维持生命的行尸走肉。这天，所有囚犯都无所事事地在平地上活动，突然一段悠扬的小提琴声不知从何方随着微风飘来，他们顿时停止了一切活动驻足凝望上空仔细凝听。刚开始他们的眼神中透露出茫然与疑惑，仿佛是久违的朋友忽然出现在眼前，不能确定是在现实还是在梦幻中，渐渐地每个人都陶醉其中，时间仿佛在这一刻停止了。万物都因这音乐而存在。坐在播音室里的安迪躺在摇椅上又一次露出了会心的微笑，这种微笑是胜利的微笑。他打破了监狱死气沉沉的空气，为这个充满阴暗色彩的地方添上了一抹生机勃勃的绿色。于是安迪又一次在囚犯们的心中埋下了希望的种子，唤起了他们又一次对自由的向往和渴望。

后来，安迪想为监狱建立一个图书馆。为了得到第一批书，他每周给州议会写一封信，连续写了六年。再后来，他增加到每周写两封。在安迪入狱的第二个十年间，图书馆终于落成了。这也是一个划时代的胜利，这个胜利的影响是深刻的，它从此让囚犯们的内心充实起来。大概也是在这个时候，汤米出现了，剧情也随之发生了转折。他是知道安迪被冤枉的内情的，可是当邪恶的监狱长得知后，为了毁灭证据，将汤米残忍地枪杀了。

安迪见唯一的证人没有了，反而增强了寻求自由的念头。他告诉瑞德：“人生可以归结为一种简单的选择：不是忙着活，就是忙着死。”——而待在监狱里就无异于等死。于是就在这天晚上安迪做好一切准备：通过自己 19 年来挖掘的隧道，打着手电筒，身体擦着粗糙的隧道壁，匍匐前进，又借着雷声将下水道砸开，钻了进去，里面满是淤泥与粪便。安迪忍受着常人无法忍受的恶臭，终于通过了这个相当于 4 个足球场大的下水道重获自由！那一刻安迪脱掉囚服跳进池塘中，就像一条鱼那样自由自在地游着，让清澈的水洗去污泥，干干净净地重生。他站起来张开手臂，去拥抱那久违的自由！

不久，瑞德也获释了。一个阳光灿烂的日子里，安迪与瑞德终于在墨西哥阳光明媚的海滨重逢了。

希望的光芒永不灭，是安迪让我们看到了追求自由的热情。这一点瑞德看得最清楚，也是他能重获自由的一个原因。我们也相信，这希望的光芒会照到监狱中的每一个角落，不管这些囚犯曾犯过什么罪，这光芒必会温暖他们，让他们心生热忱，看到光明的前途。

“忙着活或是忙着死。”《肖申克的救赎》把生命变成了一种残酷的选择。肖申克的救赎是我们简单的生活中值得一再回味的东西。相信自己，不放弃希望，不放弃努力，耐心地等待生命中属于自己的辉煌，这就是肖申克的救赎。

人生感悟

人生来是没有意义的，因为我们每个人有了希望才赋予了它意义。最大的希望是人生最大的目标，就像公交车的终点站；小的希望是人生阶段性的目标，就像公交车的一个一个小站。

没有大的希望，人不知道何去何从；没有小的希望，人不知道该在什么时候、什么地方上车下车。有了希望，你就明白了生活的意义和方向，就有了人生路上的指路明灯。

人活着，不是活给别人看的

人，是很奇怪的生物。很多时候，我们会因为顾忌别人的看法而改变初衷。明明告诫自己不必理会别人怎么说，不必在意别人的脸色，可当你面对众人，你就有可能跳不出这个怪圈了。还记得《倚天屠龙记》中张翠山和殷素素吗？他们只有在荒岛上生活的那几年是幸福快乐的，因为那时他们不必面对世人；当他们回到中土后，终究因不能面对众人的口伐而双双殉情。

其实别人的看法不一定是一面澄净的镜子，最重要的还是问心无愧！人生的束缚实在太多了，何必自己给自己找罪受！人活着，不是活给别人看的，而是为自己而活的！如果你每做一件事都是瞻前顾后、畏首畏尾，岂不是很没有自我？岂不是很累？

其实，任何一个人都无法做到让每个人满意，尽管你已是竭尽全力了。因此一个人无须因为别人的讨厌而失望，并且要时刻提醒自己：无论你怎样卓尔不群，仍会有人不喜欢你，这无所谓。

布恩 · 塔金顿是 20 世纪美国著名的小说家和剧作家，他的作品有《伟大的安伯森斯》和《爱丽丝 · 亚当斯》，均获得普利策奖。

在一次艺术家作品展览会上，两个小姑娘十分虔诚地请他签名。

“我没有带钢笔，用铅笔可以吗？”布恩 · 塔金顿其实知道她们是不会拒绝自己的，他只是想表现一下，身为一个著名作家谦和地对待普通读者的大家风范。

“当然可以。”女孩们果然爽快地答应了！并且非常高兴地接受了。一个女孩很快将精致的笔记本递给布恩 · 塔金顿。他取出铅笔，潇洒自如地写上了几句鼓励的话语并签上了自己的名字。

谁知道女孩看过他的签名之后，将眉头皱了起来，并仔细地观看布恩 · 塔金顿，问道：“你不是罗伯特 · 查波斯？”

“不是，我是布恩·塔金顿，《伟大的安伯森斯》和《爱丽丝·亚当斯》的作者，两次获得普利策奖。”

不料，这个女孩扭过脸来对另外一个女孩不屑地耸耸肩膀说：“玛丽，请把你的橡皮借我用用。”

刹那间，布恩·塔金顿感到无地自容，所有的骄傲和自负化作乌有。

回到家里，布恩·塔金顿仍然为刚才的不快感到难过。这时，他的儿子走上前来，给了他一个橘子。布恩·塔金顿的儿子非常喜欢吃橘子，可布恩·塔金顿本人平常连再好的橘子也不吃。于是，儿子就劝爸爸说橘子富含维生素C，多吃对身体有好处。心情烦躁的布恩·塔金顿回答道：“再好的橘子我也不喜欢吃，因为我压根就不喜欢橘子的味道。”

话音刚落，他突然意识到了什么，立刻高兴了起来。原来，他顿悟了一个道理：哪怕再好的橘子，也照样有人不喜欢。人何尝不是如此呢？

我们无法做到让人人满意，即使是自我感觉很优秀的时候，也要时刻提醒自己：无论你怎样卓尔不群，仍然会有人不喜欢你。

下面这个故事也许能很好地诠释保持心灵宁静之道：

他是个单亲爸爸，独自抚养一个七岁的小男孩。每当孩子和小朋友玩耍受伤回来，他对过世妻子留下的缺憾，便感受尤深，心底不免传来阵阵悲凉的低鸣。

这是他留下孩子出差当天发生的事。因为要赶火车，没时间陪孩子吃早餐，他便匆匆离开了家门。一路上担心着孩子有没有吃饭，会不会哭，心老是放不下。即使抵达了出差地点，也不时打电话回家。可孩子总是很懂事地要他不要担心。然而因为心里牵挂不安，便草草处理完事情，踏上归途。回到家时孩子已经熟睡了，他这才松了一口气。旅途上的疲惫，让他全身无力。正准备就寝时，突然大吃一惊：棉被下面，竟然有一碗打翻了的泡面！

“这孩子！”他在盛怒之下，朝熟睡中的儿子的屁股，一阵狠打。

“为什么这么不乖，惹爸爸生气？你这样调皮，把棉被弄得这么脏？想让谁洗？”这是妻子过世之后，他第一次体罚孩子。

“我没有！”孩子抽抽咽咽地辩解着，“我没有调皮，这是给爸爸吃的晚餐。”

原来孩子为了配合爸爸回家的时间，特地泡了两碗泡面，一碗自己吃，另一碗给爸爸。可是因为怕爸爸那碗面凉了，所以放进了棉被底下保温。

爸爸听了，不发一语地紧紧抱住孩子。看着碗里剩下那一半已经泡涨的泡面："啊！孩子，这是世上最美味的泡面啊！"

孩子即使再年幼，也有他们的尊严，如果父母发现错怪了孩子，要勇敢地向他们说："对不起！"

其实不光是亲人在一起是这样，和同事、和朋友，甚至和社会上的任何一个人相处时，都应该这样：发现自己错了，立即承认，并改正，刻意隐瞒，只会加重自己的心理负担。

生活中经常可以见到一些人放弃了自己的意愿，活在别人的标准里（一如喜欢怀旧的人总活在过去的阴影里），在别人的评价里寻找自我存在的价值。这其实是很悲哀的事！

人生感悟

在乎别人的看法只能扰乱自己的分寸，从而分散了自己本该用于思考的精力，人生也就因此而迷失了方向，自然活得非常沉重。

只有我行我素，高标自立，不因为别人的眼光违背自己的心意，尊重自己的生活方式，做自己真正想做的事，想做的人，才会达到快乐自在的生活状态，如燕子一样轻盈飞行！

修剪欲望，远离诱惑

现代人的欲望日益膨胀，永无休止地往自己的人生行囊中塞进各种各样的杂物，食有鱼，出有车，尚思别墅和发财。于是有的人精神疾患越来越严重，更有一些人的人生戏剧最终完全变味，上演成一幕幕闹剧和丑剧。

曼谷的西郊有一座寺院，因为地处偏远，香火一直非常冷清。

原来的住持圆寂后，索提那克法师来到寺院做新住持。初来乍到，他绕着寺院四周巡视，发现寺院周围的山坡上到处长着灌木。那些灌木呈原生态生长，树形恣肆而张扬，看上去随心所欲、杂乱无章。索提那克找来一把园林修剪用的剪子，不时去修剪一棵灌木。半年过去了，那棵灌木被修剪成一个半球形状。

僧侣们不知住持意欲何为。问索提那克，法师却笑而不答。

这天，寺院来了一个不速之客。来人衣衫光鲜，气宇不凡。法师接待了他。寒暄，让座，奉茶。对方说自己路过此地，汽车抛锚了，司机现在修车，他进寺院来看看。

法师陪来客四处转悠。行走间，客人向法师请教了一个问题："人怎样才能清除掉自己的欲望？"

索提那克法师微微一笑，折身进内室拿来那把剪子，对客人说："施主，请随我来！"

他把来客带到寺院外的山坡。客人看到了满山的灌木，也看到了法师修剪成形的那棵。

法师把剪子交给客人，说道："您只要能经常像我这样反复修剪一棵树，您的欲望就会消除。"

客人疑惑地接过剪子，走向一棵灌木，咔嚓咔嚓地剪了起来。

一壶茶的工夫过去了，法师问他感觉如何。客人笑笑："感觉身体倒是舒展轻松了许多，可是日常堵塞心头的那些欲望好像并没有放下。"

法师颔首说道："刚开始是这样的。经常修剪，就好了。"

来客走的时候，跟法师约定十天后再来。

法师不知道，来客是本地区最享有盛名的娱乐大亨，近来他遇到了以前从未经历过的生意上的难题。

十天后，大亨来了；十六天后，大亨又来了……三个月过去了，大亨已经将那棵灌木修剪成了一只初具规模的鸟。法师问他，现在是否懂得如何消除欲望。大亨面带愧色地回答说："可能是我太愚钝，眼下每次修剪的时候，能够气定神闲，心无挂碍。可是，从您这里离开，回到我的生活圈子之后，我的所有欲望依然像往常那样冒出来。"

法师笑而不言。

当大亨的鸟完全成形之后，索提那克法师又向他问了同样的问题，他的回答依旧。

这次，法师对大亨说："施主，你知道为什么当初我建议你来修剪树木吗？

我只是希望你每次修剪前，都能发现，原来剪去的部分，又会重新长出来。这就像我们的欲望，你别指望完全消除。我们能做的，就是尽力把它修剪得更美观。放任欲望，它就会像这满坡疯长的灌木，丑陋不堪。但是，经常修剪，就能成为一道悦目的风景。对于名利，只要取之有道，用之有道，利己惠人，它就不应该被当作是心灵的枷锁。”

大亨恍然。

此后，随着越来越多的香客的到来，寺院周围的灌木也一棵棵被修剪成各种形状。这里香火渐盛，日益闻名。

人的欲望是无法满足的，而机会稍纵即逝。贪欲不仅让人无法得到更多，甚至连本可以得到的也将失去。

人生的路途是一段段不同的风景，常常需要我们调整自己与现实磨合。在起伏跌宕的位置中拥有善做减法的本领才能让我们一切平稳向前。贪多又求完美的心态，让不少人难承重压，背离了和谐的人生状态。

有一家大公司准备以高薪雇用一名汽车司机，它的要求很严格，不但要符合技术精和素质高的条件，还有很重要的一点就是安全意识要强。

因为公司有很高的知名度，所以有很多司机被吸引来了，前来应聘者络绎不绝。经过层层筛选和考试，三名技术优良的竞争者成为最佳候选人。公司要在最后的复试中从这三名司机中选拔出最优秀的一位。

公司的人事部门拟定了复试的题目：如果悬崖边有块金子，现在让你们开车去拿，觉得能距离悬崖多近而又不至于掉落呢？

第一位思考了一下，然后还设想了一下实际中会出现的种种情况，最后，推算出安全的距离，回答说：“根据我的推算，距离两米应该是比较安全的。”

第二位却对此不以为然，他自认为有高超的驾驶技术，很有把握地说：“一米。”

轮到第三位了，他静静地坐着，似乎根本就没有思考这个问题。等那两位回答完毕，他说：“如果是这样的话，我会尽量远离悬崖，愈远愈好。”

最后的招聘结果出来了，这家公司录取了第三位候选人，因为他们觉得只有这个人的安全意识是最强的，而且他能断然拒绝诱惑。

危险的四周布满了诱惑，诱惑也常常让人不顾一切。同样的道理，要想使婚姻保持长久，就要远离各种诱惑。

人生感悟

当我们面临选择的时候，同样需要做些减法。减掉一些奢侈的欲望，要知道“鱼和熊掌不可兼得”，应该明白自己更想要什么，而不是贪心不足，什么都不肯放，到头来往往什么都得不到。做人做事，都要经得起诱惑。

不必太在意别人的想法

师徒二僧离别了一年，彼此十分挂念。某一日二人相见，师父问：“徒儿，你这一年都做了些什么事？”

徒弟回答：“徒儿开了一片荒地，种了一些庄稼和蔬菜，每天挑水浇地、锄草除虫，收成很好。”

师父赞许地说：“你这一年过得很充实呀！”

徒弟便问：“师父，您这一年都做了些什么事？”

师父笑着答道：“我过了白天就过晚上。”

徒弟随意地说道：“您这一年过得也很充实呀！”

刚说完，他就觉得自己这样说很不妥，话语中似乎带着讽刺的味道，于是涨红了脸，情不自禁地咂了咂舌头，心想：“我这样说，师父肯定以为我在取笑他，我实在是太不应该说这样的话。”

徒弟的窘态早就被师父看透了，就在徒弟想着如何补救的时候，师父责备他说：“只不过是一句话，你为什么要看得那么严重？”

徒弟仔细一想，明白了师父的用意：“偶尔的小疏忽，或无意的小过失，只要不是成心那样做的，又没有引起什么严重的后果，那就随它去吧，没有必要老是把它放在心头。”

想到这里，徒弟便对师父说：“我们开始上课吧！”

师父赞许地点了点头。

世上的事本是平常，而人们自己经常把事情看得太严重了，让一些小事占据了内心，进而忧虑不安。徒弟为自己一句不甚恰当的话惴惴不安，而师父根本不在意弟子的小过失，反而告诉他一个做人的道理。

生活中，人们就是太在乎别人怎么说、怎么看了，于是经常被一些不必要的事情烦扰，怕别人责怪而自责、怕别人取笑而自卑、怕难堪而自闭。

一位老人的笔记本上，记着得意时最深的一句话："不必在意别人是否喜欢你、是否公平地对待你，更不要奢望每个人都会善待你。"

某一天你突然发现A君对张三、李四很好，但对你却不冷不热，可你想不出曾做错什么，想不出什么地方得罪了他；你不必惊慌、更不必烦恼。在一次次的自问和猜测间，你耗掉的是自己的时间，消磨掉的是自己的信心。其实，A君对你的态度并不能改变什么实质性的东西，或许本来就不是你的问题，你何必因此扰乱心理平衡呢？再仔细想想B君不是对你很好而对别人冷冷淡淡吗？这样就够了。

不必在意别人冷漠的表情、窃窃的私语；不必费心去揣测、琢磨别人怎样待你、怎样评价你；不必在意微小的得失、过错或失败，那只是成长路上的一个小插曲。豁达一点，超然一点，平静喜悦地走过每一个日子，然后再回过头想想所经过的是非得失、喜怒哀乐、苦辣酸甜，你会发觉眼前突然变得明亮开朗，原来，生活还是充满了七色阳光。把时光留给自己，读自己喜欢的书，倾听迷人的音乐，到大自然中去走走……生命中值得留意的东西有很多，实在不值得你去挂怀别人的态度。

如果想活得轻松，活得开心，活得有意义，就不必在意一些无关紧要的小事。不要把自己的时间和精力用在自寻烦恼和寻找人际关系的障碍上，能给我们包袱的只是我们自己。别人的留意只是一时的，很多年以后，再去问别人是否记得你当年是如何出丑的，很多人肯定已经不记得了，甚至有人已经忘记你是谁了。

人生感悟

生命中最重要的是自己怎么看，而不是别人的想法，根本不必为一些小事烦心。风吹雨过，烟消雾散，天地间原本是如此澄明，为何让自己背着沉重的包袱呢？

放下包袱，过滤掉烦心琐事。不必在意别人的眼光，让心灵自在飞翔，生活也就跟着轻松、愉悦了。

不要用别人的错误来惩罚自己

丹麦基督教思想家克伦凯郭尔曾经有警世三条：1，不要用自己的错误惩罚自己；2，不要用自己的错误惩罚别人；3，不要用别人的错误惩罚自己。

台湾著名高僧证严法师有一句名言：生气是拿别人的错误来惩罚自己。但在现实生活中，这样惩罚自己的人却屡见不鲜：下级犯了错误，上级很生气，脾气火暴、声色俱厉，伤的其实是自己；上级作风官僚，下级很生气，烦闷憋屈、愤愤不平，伤的其实是自己；同事之间磕磕碰碰，惹人生气，怒火中烧、互相攻击，伤的其实还是自己；邻里之间鸡毛蒜皮的小事，争吵不休，伤的其实也是自己。犯错应该受到惩罚，但未必要通过生气来实现，既然错误在他，为何你要生气？别人犯了错，而你去生气，岂不正是拿别人的错误来惩罚自己？

有一名生理学家做过一个简单的实验：他把一支玻璃试管插在盛有零度水的容器里，然后收集人们在不同情绪状态下呼在水里的“气水”。心平气和的人呼出来的气体经冷却后是澄清透明无杂质的；悲伤时水中有白色沉淀；悔恨时试管中有蛋白质沉淀；生气时试管中有紫色沉淀。当把人在生气时呼出的生气水注射到大白鼠身上时，12 分钟后大白鼠竟然死了。

实验很简单，结果却令人十分惊讶，人生气时呼出的物质居然可以毒死一只大白鼠，由此可见生气时人体会产生一种毒素，这种毒素可以致老鼠于死地，可想而知对人体健康也会有比较大的影响。

生气，是一种情绪。爱生气的人，总是耿耿于怀，火气冲天，顿时引起烦躁不安，血压升高，食欲下降，精神压抑，甚至引发心血管疾病等。

专家认为，一个人的恼怒成因复杂，有社会因素、环境因素、自然因素和个人因素（如个性、家庭、修养）。当个人愿望与外部环境发生冲突时，便容易被激怒，轻则大发脾气，重则骂街摔物，甚至于走向极端，不可小视。

重要的是要理解和掌握两点：一是人生路途漫漫，矛盾无所不在，遇到矛盾要理智地去克服，发怒是无济于事的；二是坚信发怒是可以控制的，不可任其自然。

看看，生气给我们的身体带来的麻烦可真是不少。也许你容易过度在意负面的事物，而且不肯轻易罢手。此时你不妨想一想，你究竟想要自己怎么样？扪心自问，你真的希望过这样的生活吗？从现在开始，你不妨留意一下其他积极的事物，而不要总把焦点集中于负面事物。

一所肺结核专科医院里住着两个病人，甲的肺结核比较轻微，经过一段时间的治疗已经基本痊愈；乙的结核病很严重，医院已经没有什么办法了，只好让他回家休养。

这两个病人同一天出院，由于医院工作人员的马虎，出院时把两份病情通知抄写颠倒了。病已基本痊愈的甲接到的是病重尚未痊愈，要加强营养，注意休息的通知。一接到通知，甲便紧张起来，忧心忡忡，认为医生从前对他隐瞒了病情，病是无法治好了。结果出院后病情一天天加重，并有恶化的趋势，没过多久又住进医院。而那位病情严重的乙看到出院通知上写着病情基本痊愈，心情顿时轻松，回到依山傍水的农村，经常食用新鲜蔬菜、水果，经常散步，再加上心情舒畅，精神愉快，被认为治不好的严重肺结核竟然痊愈。

其实这并不奇怪，完全是人的不同情绪使然。

人的情绪对健康影响极大。愉快喜悦的心情会给人以正面的刺激，有益于健康；而苦恼消极的情绪会给人以负面影响，诱发各种疾病，使原有的病情加重。现代医学认为，良好的情绪可使机体生理机能处于最佳状态，使免疫抗病系统发挥最大效应，抗拒疾病的袭击。许多医学家认为，躯体本身就是良医，85% 的疾病可以自我控制。现代医学证明，一个人如果常在苦闷、忧虑、压抑的心情下紧张工作，或常处于紧张的状态，会降低机体的抵抗力，引起多种疾病，加快人体衰老进程。为此，营造一个好心情尤为重要。

避免与别人发生冲突和争吵。在当今，只要与人接触，就避免不了发生矛盾，这无疑又会影响你的情绪。这就需要注意预防。当可能要与别人争吵时，最好你先退一步，忍一忍，防止正面对垒，避免冲突发生。有句老话：“忍一忍，风平浪静；退一步，海阔天空。”请记住这一古训。

别对周围的人和事耿耿于怀。现在不论单位还是社会上都有让人看不惯的事，而一时又解决不了，你大可不必为此跟自己过不去，郁郁不乐。试想，你自己生闷气也于事无补，所以千万别为不平之事生闷气，这样只能给健康带来影响。

学会给自己吃“宽心丸”。在社交中失意，或在购物时买了伪劣假冒商品，抑或被骗子蒙了。绝不能老吃后悔药，权当交个学费，记取教训就完了，可不能三天不吃饭，十天睡不好觉，那样你就太傻了。

经常利用节假日外出旅游。离开喧嚣的大都市，走向宁静、清新的大自然，乐在青山绿水中，面对美景，荣辱皆忘，积在心中的任何阴影都会一扫而光。另外，参加体育文艺活动，观看演出等，都是营造良好心境的好方法。

人生感悟

坚守自己心中的本真，不去过多地考量别人的错误，不要在乞求他人对自己的理解中消耗过多的时间和精力，要从被动地适应他人中解脱出来，否则你就是在用别人的错误来惩罚自己，最后被伤害的或者失去的是自己而不是别人。

生气的时候，一根手指指向别人的同时，你留意到没有，三根手指指向了自己。这就提醒我们：要多反省自己，观照内心。

后　记

本书记载了100多个不一样的故事，但一样的是阅读时的那份感动和激励。亲爱的读者朋友，假如你在书里发现了久违的感动，也希望你能将它传递给更多的朋友，好吗？

生活的原生态，本应是静静的、淡淡的。如同路边的小花，不怎么引人注目，依然会悄悄地绽放、默默地开放，因为它明白自己来此一世的目的，是为扮靓这个世界，不是为炫耀自身的美丽，不是为赢得人们的喝彩，只为留下一缕芬芳、平添一分美丽。

人的一生，金钱、地位、名誉、情感等诱惑实在太多了。因思谋金钱而驻足、因渴求名誉而躁动、因攫取地位而难眠的例子，也是多如牛毛。寓言故事中，忠厚老实的山羊轻易地被狐狸的甜言蜜语骗下了狭小的井。山羊对水的渴望正如一团罩在它眼前的浮云，一向老实的它只看到了眼前的蝇头小利。终于，它成了别人走向成功的牺牲品，自己却湮没在浮云中。

自然是最好的老师，会教会我们很多，让我们领悟很多。多走向自然，将自己的心放逐于自然，你会发现天地如此宽广、个人微不足道。闲来时，寄情山水间，独品花落意，留住那份恬淡与安然。

当然，故事总是由人写出来的，但故事终归是来源于生活的。有时候，别人的故事又何尝不是我们自己的故事呢？我相信通过阅读别人的故事，我们同样也能看到身在其外的自己。在这里，我要衷心感谢那些将如此激励人心的故事记录下来的作者，他们对本书的问世起了不可忽视的作用，也感谢正在阅读本书的你。

书中错误之处在所难免，愿广大读者提出宝贵意见和建议（有什么好的意见或建议可以发邮件联系：tjsk6688@163.com），以便再版时修正和完善。

由于时间仓促，无法与本书内文作者一一取得联系，谨致深深的歉意，敬请原作者见到本书后，及时与我们取得联系，以便我们按照国家有关规定支付稿酬。

编　者

2010年10月

图书在版编目（CIP）数据

淡定的人生不寂寞 / 木木主编. —1版. —北京：华文出版社，2010.10

ISBN 978-7-5075-3341-5

Ⅰ. ①淡… Ⅱ. ①木… Ⅲ. ①人生哲学－通俗读物 Ⅳ. ①B821-49

中国版本图书馆CIP数据核字(2010)第203209号

淡定的人生不寂寞

主　　编　木　木
策　　划　文　超　昱　贤
责任编辑　潘　婕
封面设计　明朗工作室
出版发行　華文出版社
社　　址　北京市西城区广安门外大街305号8区2号楼
邮政编码　100055
网　　址　http://www.hwcbs.com.cn
投稿信箱　hwcbs@126.com
电　　话　总编室：010-58336255　发行部：010-58336270
　　　　　责任编辑：010-58336202
经　　销　新华书店
印　　刷　北京蓝空印刷厂
开　　本　710mm × 1000mm　1/16开本
印　　张　16
字　　数　230千字
版　　次　2010年11月第1版
印　　次　2014年11月第2次印刷
标准书号　ISBN 978-7-5075-3341-5
定　　价　28.00元
